T0225231

Physik ganz smart

Jochen Kuhn · Patrik Vogt
(Hrsg.)

Physik ganz smart

Die Gesetze der Welt mit dem
Smartphone entdecken

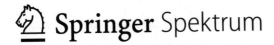 Springer Spektrum

Hrsg.
Jochen Kuhn
FB Physik, Technische Universität
Kaiserslautern, Kaiserslautern
Rheinland-Pfalz, Deutschland

Patrik Vogt
Institut für Lehrerfort- und
-weiterbildung (ILF)
Mainz, Rheinland-Pfalz, Deutschland

ISBN 978-3-662-59265-6   ISBN 978-3-662-59266-3   (eBook)
https://doi.org/10.1007/978-3-662-59266-3

Die Deutsche Nationalbibliothek verzeichnet diese Publikation in der Deutschen Nationalbibliografie; detaillierte bibliografische Daten sind im Internet über http://dnb.d-nb.de abrufbar.

Springer Spektrum
© Springer-Verlag GmbH Deutschland, ein Teil von Springer Nature 2019

Planung/Lektorat: Lisa Edelhäuser

Springer Spektrum ist ein Imprint der eingetragenen Gesellschaft Springer-Verlag GmbH, DE und ist ein Teil von Springer Nature.
Die Anschrift der Gesellschaft ist: Heidelberger Platz 3, 14197 Berlin, Germany

Vorwort

Neben allseits bekannten negativen Effekten im Schul- und Universitätsalltag können Mobiltelefone sowie Tablet-Computer den Physikunterricht an vielen Stellen bereichern; zum Beispiel bei der Dokumentation und Auswertung von Experimenten mittels Foto- bzw. Videofunktion, beim Austausch von Dateien unter Nutzung verschiedener Schnittstellen, bei der Durchführung von Internetrecherchen oder beim Einsatz der mobilen Endgeräte als Mess- und Experimentiermittel. Das vorliegende Buch widmet sich dem letztgenannten Punkt, in welchem quantitative Experimente beschrieben werden, in denen das Smartphone bzw. der Tablet-Computer eine tragende Rolle spielt. Möglich wird dies durch eine Vielzahl standardmäßig verbauter Sensoren in diesen mobilen Geräten, welche mit geeigneten und oftmals kostenfreien Apps ausgelesen werden können.

Zunächst stand die Konzeption einfacher Experimente im Vordergrund unserer Arbeit, die curricular valide sind und auf ähnliche Weise, lediglich mit anderen Materialien, ohnehin im Physikunterricht oder in der universitären Lehre durchgeführt werden. Dadurch sollte das Messmittel „Smartphone" ohne größere Anpassungen des Unterrichts in den Lernprozess integriert werden können – erfahrungsgemäß oftmals eine notwendige Voraussetzung für die Akzeptanz eines neuen Mediums bzw. einer neuen Konzeption. In einem zweiten Schritt legten wir den Schwerpunkt dann auf die wesentlichen Vorteile der modernen Mobiltelefone, die sich in ihrer starken Verbreitung bei den Lernenden und in ihrer hohen Mobilität zeigen. Sie ermöglichen das „Herausgehen" aus dem Physik- bzw. Hörsaal, die experimentelle Erschließung von Alltagskontexten sowie die Auslagerung und Vertiefung experimenteller Inhalte in Form von Hausaufgaben. Dadurch wird gewissermaßen eine doppelte Kontextorientierung erreicht, indem ein Alltagsthema mit einem Alltagsgegenstand – dem Smartphone oder Tablet-PC – verknüpft wird, also die Verwendung von Lern- und Arbeitsmaterialien, mit denen Schülerinnen und Schüler sowie Studierende vertraut sind.

Im vorliegenden Buch werden rund 50 Experimente vorgestellt, in welchen zur Messwerterfassung ein Smartphone oder ein Tablet-Computer genutzt wird. Teilweise handelt es sich um Laborexperimente, die Standardmaterialien aus einer Physiksammlung benötigen. Andere kommen allein mit Alltagsmaterialien aus und haben nicht selten auch eine Alltagssituation als Untersuchungsgegenstand. Abgedeckt werden zahlreiche Themenfelder der Physik, wobei der Aufbau des Buches dem eines typischen Standardwerks zur Experimentalphysik entspricht.

Nach Begründung des Einsatzes mobiler Medien in Unterricht und Lehre und diesbzgl. Studienergebnissen in Kap. 1 beschäftigt sich Kap. 2 mit der Kinematik und Dynamik, beispielsweise mit Beschleunigungen und Geschwindigkeiten im Alltag sowie mit der Untersuchung von Kreisbewegungen oder auch mit Stossprozessen. Kap. 3 ist der Hydrostatik und Hydrodynamik gewidmet, in welchen u. a. der Schweredruck von Gasen und Flüssigkeiten, aber auch der c_w-Wert von Fahrzeugen oder das Fließen von Wasser aus einem Wasserhahn untersucht wird. Mechanische Schwingungen werden in Kap. 4 behandelt und bereiten auf das ebenso umfangreiche Kapitel zur Akustik vor (Kap. 5). Hier werden u. a. zahlreiche Varianten zur Bestimmung der Schallgeschwindigkeit in Gasen und Festkörpern präsentiert, verschiedene Phänomene, wie der Doppler-Effekt oder die akustische Schwebung behandelt und eine Vielzahl von akustischen Alltagsanwendungen vorgestellt. Den inhaltlichen Abschluss bildet Kap. 6, welches sich optischen Phänomenen annimmt und eine Reihe quantitativer Untersuchungen zur Radioaktivität beschreibt. Eine Liste der wichtigsten Apps, einschließlich Bezugsquellen und Hinweise zu anfallenden Kosten findet der Leser in Kap. 7.

Alle vorgestellten Experimente sind bewusst als Einzelbeiträge verfasst und können somit unabhängig voneinander gelesen und erprobt werden. Die Leserinnen und Leser sind also nicht an die vorgegebene Reihenfolge gebunden und können sich beim Durcharbeiten des Buches allein von ihren persönlichen Interesse leiten lassen.

Das Buch richtet sich an alle Dozierenden des Fachs Physik, Studierende des Lehramts, Referendarinnen und Referendare, ausgebildete Lehrerinnen und Lehrer und hilft bei der Unterrichtsgestaltung, Ideenfindung und letztendlich Einbindung moderner Medien im Physikunterricht.

Wir hoffen, dass das Buch unsere Begeisterung für das Experimentieren mit mobilen Endgeräten auf möglichst viele Leserinnen und Leser übertragen kann.

Unser Dank gilt den vielen Studierenden, die im Rahmen von Seminar-, Bachelor- und Masterarbeiten experimentelle Ideen in die Praxis umsetzten sowie Frau Dr. Lisa Edelhäuser und Frau Martina Mechler für die verlagsseitige Umsetzung und Betreuung des Buches.

Kaiserslautern   Jochen Kuhn
Mainz   Patrik Vogt
im August 2019

Inhaltsverzeichnis

Herausgeber- und Autorenverzeichnis

Über die Herausgeber

Prof. Dr. Jochen Kuhn, Leiter der Arbeitsgruppe „Didaktik der Physik" im Fachbereich Physik, Wissenschaftlicher Leiter „Zentrum für Lehren und Lernen mit digitalen Medien", Technische Universität Kaiserslautern, Kaiserslautern, Deutschland.
E-Mail: kuhn@physik.uni-kl.de

Dr. Patrik Vogt, Leiter des Fachbereichs „Medienbildung, Mathematik, Naturwissenschaften, Musik, Philosophie", Institut für Lehrerfort- und -weiterbildung (ILF), Mainz, Deutschland.
E-Mail: vogt@ilf.bildung-rp.de

Autorenverzeichnis

Sebastian Becker, Wissenschaftlicher Mitarbeiter, Technische Universität Kaiserslautern, Fachbereich Physik, Arbeitsgruppe „Didaktik der Physik", Kaiserslautern, Deutschland.
E-Mail: s.becker@physik.uni-kl.de

Nils Cullman, Lehramtsstudierender und wissenschaftliche Hilfskraft, Technische Universität Kaiserslautern, Fachbereich Physik, Arbeitsgruppe „Didaktik der Physik", Kaiserslautern, Deutschland.
E-Mail: ncullman@rhrk.uni-kl.de

Dr. Sebastian Gröber, Wissenschaftlicher Mitarbeiter, Technische Universität Kaiserslautern, Fachbereich Physik, Arbeitsgruppe „Didaktik der Physik", Kaiserslautern, Deutschland.
E-Mail: groeber@physik.uni-kl.de

JProf. Dr. Pascal Klein, Juniorprofessor für „Didaktik der Physik", Georg-August Universität Göttingen, Fakultät Physik, Didaktik der Physik, Göttingen, Deutschland.
E-Mail: pascal.klein@uni-goettingen.de

Prof. Dr. Lutz Kasper, Prorektor für Studium, Lehre und Digitalisierung, Leiter der Abteilung Physik, Pädagogische Hochschule Schwäbisch Gmünd, Schwäbisch Gmünd, Deutschland.

E-Mail: lutz.kasper@ph-gmuend.de

Dr. Stefan Küchemann, Wissenschaftlicher Mitarbeiter, Technische Universität Kaiserslautern, Fachbereich Physik, Arbeitsgruppe „Didaktik der Physik", Kaiserslautern, Deutschland.

E-Mail: s.kuechemann@physik.uni-kl.de

Eva Rexigel, Lehramtsstudierende und wissenschaftliche Hilfskraft, Technische Universität Kaiserslautern, Fachbereich Physik, Arbeitsgruppe „Didaktik der Physik", Kaiserslautern, Deutschland.

E-Mail: rexigel@rhrk.uni-kl.de

Prof. Dr. Oliver Schwarz, Leiter der Arbeitsgruppe „Didaktik der Physik", Universität Siegen, Siegen, Deutschland.

E-Mail: schwarz@physik.uni-siegen.de

Michael Thees, Wissenschaftlicher Mitarbeiter, Technische Universität Kaiserslautern, Fachbereich Physik, Arbeitsgruppe „Didaktik der Physik", Kaiserslautern, Deutschland.

E-Mail: theesm@physik.uni-kl.de

Smartphone und Tablet-PC als mobiles Mini-Labor

1

Jochen Kuhn und Patrik Vogt

1.1 Ausgangspunkte und Grundgedanken

Smartphone und Tablet-PC gehören mehr und mehr zum Alltag speziell der jungen Generation. Auch in Schulen hält der Tablet-PC zunehmend Einzug, wobei die Nutzung der Geräte bisher primär als Notebook-Ersatz erfolgt (z. B. als Cognitive Tool, zu Recherchezwecken, und für Standardanwendungen). Doch Smartphones bringen im Schulalltag auch einige Probleme mit sich. Bedenkt man allerdings die technischen Möglichkeiten und die große Vertrautheit der Lernenden mit den Geräten, so lässt sich erkennen, dass ein zielgerichteter Einsatz dieser Medien den Unterricht durchaus bereichern kann [1]).

Neben den vielfach dargestellten Einsatzmöglichkeiten dieser Medien, z. B. zum Recherchieren, als Cognitive Tool oder zum Kommunizieren, können sie speziell im naturwissenschaftlichen Unterricht zudem als Experimentiermittel verwendet werden. In dieser Hinsicht wurden in den letzten Jahren national und international bereits verschiedene Beiträge zum Einsatz von Smartphones als mobile Mini-Labore zum Experimentieren im Physikunterricht veröffentlicht (z. B. Kolumne „iPhysicsLabs" [2]; Reihe „Smarte Physik" [3]). In diesem Kapitel wird eine Zusammenfassung dieser Idee gegeben sowie begründet, warum dieser Ansatz vielversprechend ist, und wie er weiterentwickelt werden kann.

J. Kuhn (✉)
Kaiserslautern, Deutschland
E-Mail: kuhn@physik.uni-kl.de

P. Vogt
Mainz, Deutschland
E-Mail: vogt@ilf.bildung-rp.de

© Springer-Verlag GmbH Deutschland, ein Teil von Springer Nature 2019
J. Kuhn und P. Vogt (Hrsg.), *Physik ganz smart*,
https://doi.org/10.1007/978-3-662-59266-3_1

1

1.2 Mobile Mini-Labore zum Lehren und Lernen

Die Einsatzmöglichkeiten mobiler Kommunikationsmedien als Experimentiermittel sind gerade im Physikunterricht sehr vielfältig, da sie mit diversen internen Sensoren ausgestattet sind, die physikalische Daten erfassen. Dazu gehören zum Beispiel Mikrofon und Kamera, Beschleunigungs-, Magnetfeldstärke- und Beleuchtungs- bzw. Helligkeitsstärkesensor, Gyroskop, GPS-Empfänger und teils sogar Temperatur-, Druck- und Luftfeuchtesensor. Der ursprüngliche Grund für den Einbau der Sensoren war natürlich dabei nicht das Experimentieren: Der Beschleunigungssensor wird z. B. genutzt, um die Neigung des Geräts zu bestimmen und den Bildschirm an die Geräteorientierung anzupassen. Der Magnetfeldstärkesensor findet Verwendung als Kompass zur Unterstützung der Navigation mit dem Smartphone oder um den Nutzer über positionsspezifische Umgebungsdaten (Temperatur, Luftdruck, Luftfeuchtigkeit usw.) zu informieren. Die mit den internen Sensoren erfassten physikalischen Daten lassen sich aber über ihre eigentliche Funktion hinaus mithilfe von Apps auslesen, sodass damit besonders im Physikunterricht sowohl qualitative als auch quantitative Experimente in vielfältigen Themenbereichen möglich sind. Smartphones und Tablet-PCs stellen somit kleine, transportable Messlabore dar, die unübersichtliche Versuchsapparaturen ersetzen können. Weiterhin sind sie den Lernenden aus ihrem Alltag gut bekannt, wodurch eine hohe Vertrautheit mit ihrer Bedienung erwartet werden kann. Viele mit mobilen Kommunikationsmedien durchführbare Experimente waren bisher ausschließlich computergestützt mit teils teuren und umständlich zu bedienenden Sensoren möglich. Dagegen können Experimente mit internen Sensoren von Smartphones oder Tablet-PCs durch die intuitive Bedienbarkeit der Apps einfacher durchgeführt und ausgewertet werden, sodass eine stärkere Fokussierung auf die physikalischen Inhalte möglich ist.

1.3 Wieso mit mobilen Kommunikationsmedien lernen?

Außer der Tatsache, dass sich Smartphones und Tablet-PCs technisch und unterrichtspraktisch für den experimentellen Einsatz im Physikunterricht eignen, gibt es auch fachdidaktische und lernpsychologische Gründe, warum ihre Verwendung sinnvoll ist.

Der Einsatz der Geräte als Experimentiermittel im naturwissenschaftlichen Unterricht ist didaktisch erstens durch den Alltags- und Lebensweltbezug des Experimentiermittels „Smartphone" bzw. „Tablet-PC" legitimiert. Er lässt sich somit in gut begründete lernpsychologische Rahmentheorien einordnen: So geht das Situierte Lernen (z. B. [4, 5]) bzw. der kontextbasierte naturwissenschaftliche Unterricht (Context Based Science Education; s. z. B. [6]) von der Annahme aus, dass neben der Authentizität (im Sinne von Alltagsbezogenheit) eines Themas auch die Authentizität der in Versuchen verwendeten Medien einen positiven Einfluss auf das Lernen im Physikunterricht hat (sog. materiale Situierung). Konkret bedeutet diese Annahme, dass der kognitive und motivationale Lernerfolg der Lernenden in Bezug auf Experimente im Physikunterricht größer ist, wenn sie ein physikalisches Phänomen mit Experimentiermitteln untersuchen, die sie jeden Tag benutzen [7].

Zudem wird ein verstärktes Autonomieerleben der Schülerinnen und Schüler im Umgang mit Smartphone und Tablet-PC angenommen [8, 9]. So können sie z. B. mit einem Tablet-PC selbstständig einen selbst gewählten Bewegungsvorgang per Video aufnehmen, ihr „eigenes" (mit dem eigenen Gerät erfasstes) Video mittels Videoanalyse-App auf dem gleichen Tablet-PC direkt analysieren und auswerten sowie analoge, wiederholende oder weiterführende Experimente mit einem mobilen Medium auch außerhalb der Schule durchführen.

Im Gegensatz zu „konventionellen" Experimenten können mit solchen mobilen Medien bereits während und direkt nach dem Experimentieren auch vielfältige Arten von Visualisierung bzw. Darstellungen (sogenannte multiple Repräsentationen) für die Schülerinnen und Schüler bereitgestellt werden (automatische Darstellung der Messdaten als Diagramme und Wertetabelle, Formeln, Vektoren und Bilder). Die Integration und Präsentation dieser mutimedialen Inhalte erfolgt dabei unter Berücksichtigung der Cognitive Affective Theory of Learning with Media [10]. Durch aktive Informationsverarbeitung soll die kohärente Verwendung und Konstruktion multipler mentaler Repräsentationen gefördert werden. Der kompetente Umgang mit solchen multiplen Repräsentationen wie Bilder, Diagramme, Formeln und Vektoren, also die Fähigkeiten externe Darstellungsformen zu interpretieren, selbstständig zu erzeugen und zwischen verschiedenen Darstellungen flexibel und zielgerichtet zu wechseln [11], werden unter dem Begriff der (konzeptionellen) „Repräsentationskompetenz" zusammengefasst [12–15].

Die wichtige Rolle von Repräsentationskompetenz für naturwissenschaftliches Denken und Lernen ist gut belegt für die Naturwissenschaften im Allgemeinen [16], für verschiedene Einzeldisziplinen (Biologie [17]; Chemie [18]; Physik [19, 20]) sowie die Mathematik [21, 22]. Insbesondere ist Repräsentationskompetenz als notwendige Voraussetzung für den Gebrauch von multiplen Repräsentationen im Sinne domänenspezifischer Denkwerkzeuge von hoher Bedeutung für andere Fähigkeiten, z. B. konzeptuelles Verständnis [23, 24], „construction and reconstruction of meaning" [25], schlussfolgerndes Denken („reasoning" [26–28]), Problemlösen [12, 28] und Kreativität [29]. Vor diesem Hintergrund wird deutlich, warum diese Kompetenz für MINT-Fächer allgemein und die Physik im Besonderen als notwendige Bedingung für die Bildung eines tieferen Verständnisses [12, 30] diskutiert wird. Etkina et al. [31] nennen sie sogar als erste von sieben disziplinspezifischen Fähigkeiten, die ausgebildet werden sollten.

Auf der anderen Seite weisen Forschungsbefunde darauf hin, dass kompetenter Umgang mit Repräsentationen eine erhebliche Schwierigkeit für Lernende darstellt [32, 33]. Empirische Belege hierfür gibt es von der Primarstufe [32] über die Sekundarstufen [34] bis zum universitären Niveau [35]. Vor diesem Hintergrund einer zugleich zentralen wie schwierig zu erwerbenden Voraussetzung fachspezifischen Denkens fokussiert HyperMind auch darauf, ob und in welchem Umfang der Erwerb von Repräsentationskompetenz durch eine sensorbasiert, dynamisch-adaptiv, individuelle Bereitstellung adäquater Darstellungsformen gefördert werden kann. Dieses Potenzial lässt sich kognitionspsychologisch durch die Cognitive-Affective Theory of Learning with Media (CATLM, [10]) begründen, die Lernen als Integrationsprozess von visuell-bildhaften und textbasierten Informationen in eine kohärente mentale Struktur versteht.

Natürlich ist die Nutzung der Repräsentationsmöglichkeiten von Smartphones und Tablet-PCs erst dann sinnvoll, wenn die Schülerinnen und Schüler vorher die Umsetzung von Messdaten in verschiedene Darstellungsformen per Hand geübt haben. Darüber hinaus bieten Apps oft auch für die jeweiligen Daten ungeeignete Darstellungsformen an (z. B. Liniendiagramme, wo Balken- oder Punktdiagramme nötig wären). Dies sollte auch im Unterricht thematisiert werden.

Da die Idee des Einsatzes von Smartphones und Tablet-PCs als Experimentiermittel im Unterricht noch verhältnismäßig jung ist, sind aktuell kaum Erkenntnisse über die Effektivität eines solchen Einsatzes veröffentlicht. Im Bereich der Physik kann allerdings auf erste Ergebnisse von einigen bisher zu diesem Thema veröffentlichten Untersuchungen zurückgegriffen werden.

Eine erste Pilotstudie zum Einsatz von Smartphone-Experimenten im Physikunterricht beschäftigte sich mit dem Themenbereich Akustik (Sekundarstufe 1, [7]). Während des zweiwöchigen Physikunterrichts bearbeiteten die Klassen im Rahmen eines Stationenlernens in Gruppenarbeit jeweils vier verschiedene Lernstationen mit Experimenten zur Akustik mit den Themen „Schwebungsfrequenz, Schallarten, Schallgeschwindigkeit und Schallausbreitung. Die Inhalte, der Umfang und die Schwierigkeitsgrade der Experimente sowie die Arbeitsmaterialien der Lernstationen in den beiden Klassen waren identisch und unterschieden sich nur im verwendeten Experimentiermaterial. Um die Motivation und Lernleistung der Schülerinnen und Schüler zu verfolgen, wurden direkt vor und direkt nach dem Stationenlernen sowie fünf Wochen nach Abschluss dieser Unterrichtssequenz die erforderlichen Daten mithilfe von curricularen Tests und Fragebögen erfasst. Es konnte festgestellt werden, dass sich der zeitliche Verlauf der Leistungsfähigkeit und der Selbstwirksamkeitserwartung zwischen den beiden Gruppen signifikant unterschieden: In der Schülergruppe, die mit Smartphone-Experimenten gearbeitet hat, wurden die Leistung und ihre Selbstwirksamkeitserwartung stärker gefördert bzw. stabilisiert als in der Gruppe mit konventionellen Experimenten. Auch wenn die Motivation insgesamt nicht unterschiedlich beeinflusst wurde, kann somit gerade der für kontextorientiertes Lernen bedeutsame Motivationsaspekt „Selbstwirksamkeitserwartung" unterstützt werden, obwohl dieser Motivationsaspekt als schwer veränderbar gilt.

In einer zweiten, ähnlich gelagerten Pilotstudie in der Studieneingangsphase des Physikstudiums wurden ebenfalls positive Effekte beim Einsatz von Tablet-PCs zur mobilen Videoanalyse auf das physikalische Konzeptverständnis in Mechanik sowie auf das Selbstkonzept der Studierenden festgestellt [15, 36, 37].

Die dritte Studie untersuchte Experimente mit dem Smartphone in der klassischen Mechanik der Sekundarstufe 2 (Klassenstufe 11), die die Beschleunigungssensoren des Smartphones nutzen [38]. Analog zu den beiden vorangehenden

Studien wurden mit einem Versuchs-Kontrollgruppen-Design die Auswirkungen dieses Smartphone-Einsatzes auf Interesse, Neugier und Lernerfolg untersucht. Lernende der Smartphone-Gruppen zeigten nach der Studie ein signifikant höheres Interesse an Physik. Dabei profitierten diejenigen Schülerinnen und Schüler dieser Gruppe, die zu Beginn der Studie weniger interessiert waren, am meisten. Darüber hinaus zeigten Lernende der Smartphone-Gruppen eine höhere thematische Neugier. Es wurden keine Unterschiede in der Lernleistung gefunden. Dies bedeutet, dass durch den Einsatz von Smartphone-Experimenten Interesse und Neugier gefördert werden können, ohne die Lernleistung zu reduzieren.

Zwei weitere Studien analysierten die Lernwirksamkeit des Einsatzes der Tablet-PC-gestützten Videoanalyse von Bewegungen im Themenbereich Mechanik des Physikunterrichts der Sekundarstufe 2 [39, 40]. Auch dabei wurden quasi-experimentelle Feldstudien im Prä-Posttest-Design mit Kontroll- und Interventionsgruppen durchgeführt. Die Studien umfassten drei essenzielle Themengebiete der Mechanik, die „Gleichförmige Bewegung", die „Beschleunigte Bewegung" sowie Pendelbewegungen. Die Ergebnisse belegten eine signifikant höhere Lernleistung bezogen auf das physikalische Konzeptverständnis durch den Einsatz der Tablet-PC-gestützten Videoanalyse im Vergleich zu traditionellem Unterricht in den verschiedenen Themengebieten, wobei der größere Effekt beim kognitiv anspruchsvolleren Thema „Beschleunigte Bewegung" vorliegt.

Diese ersten fünf Studien zum Einsatz von Smartphone und Tablet-PC als Experimentiermittel erlauben aus unterschiedlichen Gründen (z. B. teils geringe Teilnehmerzahl, Beschränkung von Themenbezug und Adressatengruppe usw.) selbstverständlich keine allgemein übertragbaren Erkenntnisse. Sie geben aber Hinweise auf erste Trends und auf noch offene Fragestellungen, die in weiteren Studien mit größeren Teilnehmerzahlen, verschiedenen Adressatengruppen (Schule und Hochschule) und weiteren Themenbereichen aktuell untersucht werden.

Literatur

1. West, M., & Vosloo, S. (2013). *UNESCO policy guidelines for mobile learning*. Paris: UNESCO Publications.
2. Kuhn, J., & Vogt, P. (2012). iPhysicsLabs. Column Editors' note. *The Physics Teacher, 50*, 118.
3. Kuhn, J., Wilhelm, T., & Lück, S. (2013). Smarte Physik: Physik mit Smartphones und Tablet-PCs. *Physik in Unserer Zeit, 44*(1), 44–45.
4. Greeno, J. G., Smith, D. R., & Moore, J. L. (1993). Transfer of situated learning. In D. K. Dettermann & R. J. Sternberg (Hrsg.), *Transfer on trial: Intelligence, cognition and instruction* (S. 99–167). Norwood, NJ: Ablex.
5. Gruber, H., Law, L.-C., Mandl, H., & Renkl, A. (1995). Situated learning and transfer. In P. Reimann & H. Spada (Hrsg.), *Learning in humans and machines: Towards an interdisciplinary learning science* (S. 168–188). Oxford, United Kingdom: Pergamon.
6. Kuhn, J., Müller, A., Müller, W., & Vogt, P. (2010). Kontextorientierter Physikunterricht: Konzeptionen, Theorien und Forschung zu und Lernen. *Praxis der Naturwissenschaften – Physik in der Schule, 5*(59), 13–25.

7. Kuhn, J., & Vogt, P. (2015). Smartphone & Co. in Physics Education: Effects of learning with new media experimental tools in acoustics. In W. Schnotz, A. Kauertz, H. Ludwig, A. Müller, & J. Pretsch (Hrsg.), *Multidisciplinary research on teaching and learning* (S. 253–269). Basingstoke: Palgrave Macmillan.
8. Ryan, R. M., & Deci, E. L. (2000). Self-determination theory and the facilitation of intrinsic motivation, social development, and well-being. *American Psychologist, 55*(2000), 68–78.
9. Ryan, R. M., & Deci, E. L. (2000). Intrinsic and extrinsic motivations: Classic definitions and new directions. *Contemporary Educational Psychology, 25*(2000), 54–67.
10. Mayer, R. E. (2009). *Multimedia learning* (2. Aufl.). New York: Cambridge University Press.
11. De Cock, M. (2012). Representation use and strategy choice in physics problem solving. *Physical Review Physics Education Research, 8*(2), 020117.
12. Kohl, P., & Finkelstein, N. (2005). Students' representational competence and self-assessment when solving physics problems. *Physical Review Physics Education Research, 2005,* 010104.
13. Kozma, R., & Russell, J. (2005). Students becoming chemists: Developing representational competence. *Visualization in Science Education, 1,* 121–146.
14. Rau, M. A. (2017). Conditions for the effectiveness of multiple visual representations in enhancing STEM learning. *Educational Psychology Review, 29*(4), 717–761.
15. Klein, P., Müller, A., & Kuhn, J. (2017). KiRC inventory: Assessment of representational competence in kinematics. *Physical Review Physics Education Research, 13,* 010132.
16. Tytler, R., Prain, V., Hubber, P., & Waldrip, B. (Hrsg.). (2013). *Constructing representations to learn in science.* Rotterdam: Sense.
17. Tsui, C., & Treagust, D. (Hrsg.). (2013). *Multiple representations in biological education.* Dordrecht: Springer.
18. Gilbert, J. K., & Treagust, D. (Hrsg.). (2009). *Multiple representations in chemical education.* The Netherlands: Springer.
19. Docktor, J. L., & Mestre, J. P. (2014). Synthesis of discipline-based education research in physics. *Physical Review Physics Education Research, 10*(2), 020119.
20. Treagust, D., Duit, R., & Fischer, H. (Hrsg.). (2017). *Multiple representations in physics education.* Dordrecht: Springer.
21. Lesh, R., Post, T., & Behr, M. (1987). Representations and translations among representations in mathematics learning & solving. In C. Janvier (Hrsg.), *Problems of representation in the teaching and learning of mathematics* (S. 33–40). Hillsdale: Lawrence Erlbaum.
22. Even, R. (1998). Factors involved in linking representations of functions. *Journal of Mathematical Behaviour, 17,* 105–121.
23. Van Heuvelen, A., & Zou, X. (2001). Multiple representations of workenergy processes. *American Journal of Physics, 69,* 184.
24. Hubber, P., Tytler, R., & Haslam, F. (2010). Teaching and learning about force with a representational focus: pedagogy and teacher change. *Research in Science Education, 40*(1), 5–28.
25. Opfermann, M., Schmeck, A., & Fischer, H. (2017). Multiple representations in physics and science education – Why should we use them? In D. Treagust, R. Duit, & H. Fischer (Hrsg.), *Multiple representations in physics education.* Dordrecht: Springer.
26. Van Heuvelen, A. (1991). Learning to think like a physicist: A review of research-based instructional strategies. *American Journal of Physics, 59,* 891–897.
27. Plötzner, R., & Spada, H. (1998). Constructing quantitative problem representations on the basis of qualitative reasoning. *Interactive Learning Environments, 5,* 95–107.
28. Verschaffel, L., De Corte, E., de Jong, T., & Elen, J. (2010). *Use of external representations in reasoning and problem solving.* New York: Routledge.
29. Schnotz, W. (2010). Reanalyzing the expertise reversal effect. *Instructional Science, 38*(3), 315–323.
30. diSessa, A. A. (2004). Metarepresentation: native competence and targets for instruction. *Cognition and Instruction, 22*(3), 293–331.

31. Etkina, E., Van Heuvelen, A., White-Brahmia, S., Brookes, D. T., Gentile, M., Murthy, S., Rosengrant, D., & Warren, A. (2006). Scientific abilities and their assessment. *Physical Review Physics Education Research, 2*(2), 020103-1–020103-15.

32. Ainsworth, S. E., Bibby, P. A., & Wood, D. J. (2002). Examining the effects of different multiple representational systems in learning primary mathematics. *Journal of the Learning Sciences, 11,* 25–61.

33. Schoenfeld, A., Smith, J. P., & Arcavi, A. (1993). Learning: The microgenetic analysis of one student's evolving understanding of a complex subject matter domain. In R. Glaser (Hrsg.), *Advances in instructional psychology*. Hillsdale: LEA.

34. Scheid, J., Müller, A., Hettmansperger, R., & Kuhn, J. (2017). Erhebung von repräsentationaler Kohärenzfähigkeit von Schülerinnen und Schülern im Themenbereich Strahlenoptik. *Zeitschrift für Didaktik der Naturwissenschaften, 23,* 181–203.

35. Nieminen, P., Savinainen, A., & Viiri, J. (2010). Force concept inventory-based multiple-choice test for investigating students' representational consistency. *Physical Review Physics Education Research, 6*(2), 020109.

36. Klein, P., Kuhn, J., Müller, A., & Gröber, S. (2015). Video analysis exercises in regular introductory mechanics physics courses: Effects of conventional methods and possibilities of mobile devices. In W. Schnotz, A. Kauertz, H. Ludwig, A. Müller, & J. Pretsch (Hrsg.), *Multidisciplinary research on teaching and learning* (S. 270–288). Basingstoke: Palgrave Macmillan.

37. Klein, P., Kuhn, J., & Müller, A. (2018). Förderung von und Experimentbezug in den vorlesungsbegleitenden Übungen zur Experimentalphysik – Empirische Untersuchung eines videobasierten Aufgabenformates. *Zeitschrift für Didaktik der Naturwissenschaften, 24*(1), 17–34.

38. Hochberg, K., Kuhn, J., & Müller, A. (2018). Using Smartphones as experimental tools – Effects on interest, curiosity and learning in physics education. *Journal of Science Education and Technology, 27*(5), 385–403.

39. Becker, S., Klein, P., Gößling, A., & Kuhn, J. (2019). Förderung von Konzeptverständnis und Repräsentationskompetenz durch Tablet-PC-gestützte Videoanalyse: Empirische Untersuchung der Lernwirksamkeit eines digitalen Lernwerkzeugs im Mechanikunterricht der Sekundarstufe 2. *Zeitschrift für Didaktik der Naturwissenschaften, 25*(1), 1–24.

40. Hochberg, K., Becker, S., Louis, M., Klein, P., & Kuhn, J. (2020). Using smartphones as experimental tools – a follow-up: Cognitive effects by video analysis and reduction of cognitive load by multiple representations. *Journal of Science Education and Technology, 29.* https://doi.org/10.1007/s10956-020-09816-w.

Kinematik und Dynamik

2

Patrik Vogt, Sebastian Becker, Pascal Klein, Stefan Küchemann, Jochen Kuhn, Oliver Schwarz und Michael Thees

2.1 Auf Geschwindigkeit und Beschleunigung kommt es an

2.1.1 Beschleunigungen im Alltag

Patrik Vogt

Im Gegensatz zu Geschwindigkeiten, können wir Beschleunigungen nur sehr schwer einschätzen, was ihre objektive Messung besonders interessant macht [1]. Die Möglichkeiten sind dabei sehr vielfältig und reichen von Beschleunigungsmessungen

P. Vogt (✉)
Mainz, Deutschland
E-Mail: vogt@ilf.bildung-rp.de

S. Becker · P. Klein · S. Küchemann · J. Kuhn
Kaiserslautern, Deutschland
E-Mail: s.becker@physik.uni-kl.de

P. Klein
E-Mail: pascal.klein@uni-goettingen.de

S. Küchemann
E-Mail: s.kuechemann@physik.uni-kl.de

J. Kuhn
E-Mail: kuhn@physik.uni-kl.de

O. Schwarz
Siegen, Deutschland
E-Mail: schwarz@physik.uni-siegen.de

M. Thees
Kaiserslautern, Deutschland
E-Mail: theesm@physik.uni-kl.de

© Springer-Verlag GmbH Deutschland, ein Teil von Springer Nature 2019
J. Kuhn und P. Vogt (Hrsg.), *Physik ganz smart*,
https://doi.org/10.1007/978-3-662-59266-3_2

im Bereich der Technik [2], über Beschleunigungen im Sport bis hin zu Beschleunigungen im Tierreich. Bemerkenswert und didaktisch besonders interessant ist dabei, dass die meisten Bewegungen in Natur und Technik mit näherungsweise konstanter Beschleunigung ablaufen. Dies bietet die Möglichkeit, bei der experimentellen Erarbeitung gleichmäßig beschleunigter Bewegungen auf reale Alltagssituationen zurückzugreifen, anstatt auf aufwendige und kontextfreie Laborexperimente (Abschn. 2.1.1.2).

2.1.1.1 Wer beschleunigt am stärksten?

Beispielhaft ist in Abb. 2.1 der Beschleunigungsverlauf einer anfahrenden S-Bahn dargestellt, weitere Messergebnisse für verschiedene Verkehrsmittel gehen aus Tab. 2.1 hervor. Möglicherweise entgegen der Erwartung, ist die Beschleunigung eines wenig sportlichen Kombis beim Anfahren im 1. Gang am größten und mit der Beschleunigung beim Start einer Boing 737 vergleichbar.

2.1.1.2 Wie hoch fährt der Fahrstuhl?

Zur Aufnahme des Beschleunigungsverlaufs einer Fahrstuhlfahrt [6] wird ein Smartphone oder Tablet-Computer auf den Boden des Aufzugs gelegt, durch leichtes

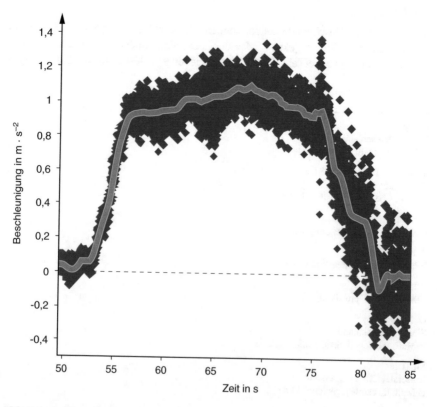

Abb. 2.1 Anfahrt einer S-Bahn, Beschleunigung von 0 auf $85\,\mathrm{km}\cdot\mathrm{h}^{-1}$; Messwerte (blau), Glättung (rot, durchgeführt mit [3])

Tab. 2.1 Beschleunigung von Verkehrsmitteln

	Messung mit Tablet in $m \cdot s^{-2}$ (Mittelwert der Beschleunigungsphase)	Literaturwert in $m \cdot s^{-2}$
ICE	0,33	0,5 [4]
S-Bahn	0,83	max. 1 [5]
Auto[a]	1,5 [2] (Mittelwert $0-100\,km \cdot h^{-1}$)	1,4 (Mittelwert $0-100\,km \cdot h^{-1}$)[b]
1. Gang	2,4	–
2. Gang	1,9	–
3. Gang	1,3	–
4. Gang	0,8	–
Flugzeugstart	2,3 (Boeing 737)	1,6 (Boeing 747) [4]

[a]Skoda Octavia Combi, 75 kW (102 PS)
[b]aus Herstellerangabe berechnet; von 0 auf $100\,km \cdot h^{-1}$ in 11,9 s

Andrücken mit den Händen fixiert und während der Fahrt die z-Komponente der Beschleunigung (Beschleunigungskomponente in Richtung der Bewegung, also senkrecht zum Display) mit einer geeigneten App gemessen (z. B. SPARKvue [7, 8] oder Sensor Kinetics für [9]). Die Beispielmessung erfolgte bei einer Fahrt vom Erdgeschoss bis in die 21. Etage in einem Aufzug des Mercure Hotels in Chemnitz (Abb. 2.2).

Auswertung des Experiments
In Abb. 2.3 ist der gemessene Beschleunigungsverlauf rot und der durch numerische Integration erhaltene Geschwindigkeitsverlauf blau dargestellt. Zunächst befindet sich der Fahrstuhl in Ruhe (0 bis 6,2 s), beschleunigt im Anschluss 4 s lang mit einer Maximalbeschleunigung von ca. $1\,m \cdot s^{-2}$ und bewegt sich dann 20,5 s mit näherungsweise konstanter Geschwindigkeit ($\approx 2,6\,m \cdot s^{-1}$) weiter. Nach insgesamt 30,8 s bremst der Fahrstuhl ab und kommt in einer Höhe von 64 m zum Stehen (Abb. 2.4). Bei einer geschätzten Etagenhöhe von 3 m ergibt sich für den 21. Stock eine Höhe von 63 m, was sehr gut mit dem Ergebnis der Beschleunigungsmessung übereinstimmt.

Da sich Fahrstühle aufgrund ihrer Bauart nach der Beschleunigungsphase mit konstanter Geschwindigkeit weiterbewegen, ist das Experiment zur Erarbeitung gleichförmiger Bewegungen prädestiniert. Beispielsweise kann die lineare Zunahme der zurückgelegten Strecke bei konstanter Geschwindigkeit bzw. nicht vorhandener Beschleunigung sehr eindrucksvoll experimentell überprüft sowie der Zusammenhang der drei kinematischen Größen Beschleunigung a, Geschwindigkeit v und zurückgelegte Strecke s untersucht werden ($v = \int a(t)\,dt$ bzw. $s = \int v(t)\,dt$).

Abb. 2.2 Foto des Hotels, dessen Fahrstuhl für das Messbeispiel genutzt wurde (Mercure Hotel in Chemnitz)

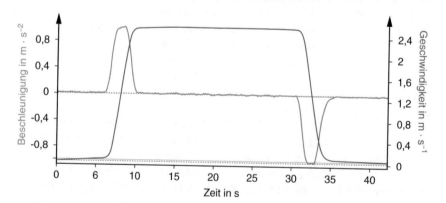

Abb. 2.3 *a(t)*- und *v(t)*-Diagramm der Fahrstuhlfahrt (geglättet und dargestellt mit der Software Measure [3])

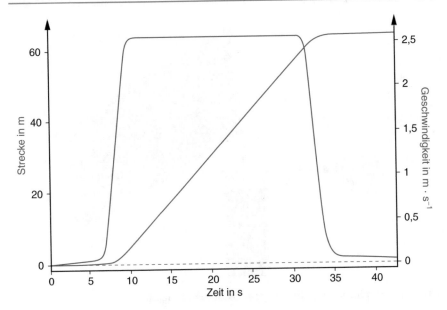

Abb. 2.4 $v(t)$- und $s(t)$-Diagramm der Fahrstuhlfahrt

2.1.2 Wie schnell sind geschlagene und geschossene Bälle?

Patrik Vogt

Tischtennis gilt gemeinhin als der schnellste Rückschlagsport der Welt. Dies stimmt nicht für die erreichten Maximalgeschwindigkeiten, aber zumindest dann, wenn man die Flugzeiten als Kriterium heranzieht. Wie lassen sich aber Flugzeiten bzw. durchschnittliche Ballgeschwindigkeiten mit einfachen Mitteln messen? Eine simple aber sehr genaue Variante stellt eine akustische Messung dar, wozu auch Smartphones zum Einsatz kommen können.

Theoretischer Hintergrund
Die Idee, die Durchschnittsgeschwindigkeit geschlagener und geschossener Bälle auf akustischem Wege zu bestimmen, ist nicht neu. So beschreiben z. B. Aguiar und Pereira in [10] die Geschwindigkeitsmessung eines Fußballs unter Verwendung einer Soundkarte und eines externen Mikrofons. Das Messprinzip ist äußerst einfach: Tritt der Sportler gegen den Ball, entsteht ein Schallsignal, welches vom Mikrofon registriert wird. Gleiches gilt für das Auftreffen auf der Wand. Ist das Mikrofon von Schütze und Wand gleich weit entfernt, so entspricht die Flugzeit des Balls gerade dem zeitlichen Abstand der registrierten Schallereignisse. Dividieren des Wandabstands D mit der gemessenen Zeit, liefert mit hoher Genauigkeit die Durchschnittsgeschwindigkeit des Balls. Entsprechend Abb. 2.5

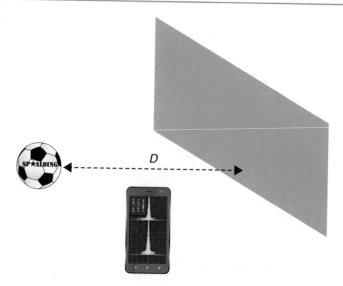

Abb. 2.5 Versuchsaufbau zur Ermittlung der Ballgeschwindigkeit

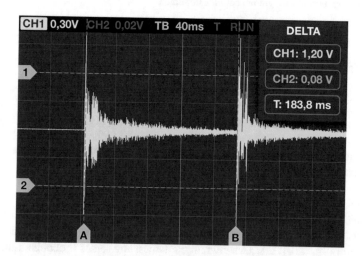

Abb. 2.6 Screenshot der Oscilloscope-App. Der erste Ausschlag zeigt den Stoß zwischen Tischtennisball und Schläger an, der zweite Peak liefert die Zeitmarke für das Auftreffen auf einer Wand. Die Flugzeit (Differenz der Peaks) ist rot markiert

kann statt des Computers auch ein Smartphone mit Oszilloskop-App zum Einsatz kommen [11, 12], mit dem Vorteil, einer noch höheren Mobilität und ständigen Verfügbarkeit [13]. Abb. 2.6 zeigt ein Messbeispiel für einen geschlagenen Tischtennisball bei einem Wandabstand von 2 m. Bei einer Flugzeit von 183,8 ms ergibt sich die Durchschnittsgeschwindigkeit zu 39 km · h^{-1}.

Tab. 2.2 Ergebnisse für verschiedene Sportarten (*N* Stichprobenumfang, *SEM* Standardfehler des Mittelwerts, *SD* Standardabweichung, η^2 Effektstärke für den Unterschied zwischen den Geschlechtern (Anteil der erklärten Varianz), *p* Signifikanz)

Sport (Entfernung)		Geschwindigkeit in km · h⁻¹		total	Effektstärke η^2 (*p*)
		männlich	weiblich		
	N	11	9	20	
Tischtennis (2 m)	Mittel	65,5	44,5	56,1	0,49 (0,001)
	(SEM)	(3,8)	(3,2)	(3,4)	
	(SD)	(12,5)	(9,5)	(15,3)	
Beachball (3 m)	Mittel	74,7	50,2	63,7	0,53 (<0,001)
	(SEM)	(4,1)	(3,3)	(3,8)	
	(SD)	(13,5)	(10,0)	(17,2)	
Fußball (5 m)	Mittel	67,7	42,1	56,2	0,66 (<0,001)
	(SEM)	(2,7)	(3,5)	(3,6)	
	(SD)	(8,9)	(10,4)	(16,1)	
Badminton (3 m)	Mittel	81,8	55,7	70,1	0,45 (0,001)
	(SEM)	(3,9)	(5,9)	(4,4)	
	(SD)	(12,8)	(17,8)	(19,9)	
Volleyball (5 m)	Mittel	53,4	35,6	45,4	0,52 (< 0,001)
	(SEM)	(3,2)	(2,0)	(2,8)	
	(SD)	(10,7)	(5,9)	(12,6)	

Im Folgenden werden die Ergebnisse mehrerer Messreihen vorgestellt. Untersucht wurden 5 verschiedene Sportarten (Tischtennis, Beachball (gemeint ist das Rückschlagspiel, nicht die Volleyballvariante), Fußball, Badminton und Volleyball) und der Einfluss des Geschlechts bzw. des Alters auf die erreichte Durchschnittsgeschwindigkeit. Um eine möglichst hohe Genauigkeit zu erreichen, wurde jede Messung 10-mal durchgeführt und der Mittelwert gebildet.

Versuchsauswertung

Die Ergebnisse für die verschiedenen Sportarten sind in Tab. 2.2 dargestellt. Es zeigt sich, dass für sportarttypische Wegstrecken (unter Berücksichtigung der aus Freizeitsportlern zusammengesetzten relativ kleinen Stichprobe) die höchsten Durchschnittsgeschwindigkeiten im Badminton erreicht werden ($81{,}8$ km · h⁻¹). Außerdem ergeben sich zwischen den Geschlechtern durchweg höchst signifikante Unterschiede mit großen Effektstärken [14]. Erwartungsgemäß ist bei den Männern die Durchschnittsgeschwindigkeit ausnahmslos höher als bei den Frauen, wobei der Unterschied am stärksten beim Fußball ausgeprägt ist (Männer $67{,}7$ km · h⁻¹, Frauen $42{,}1$ km · h⁻¹, $\eta^2 = 0{,}66$).

Zur Untersuchung des Einflusses des Alters wurden drei Fußballmannschaften getrennt voneinander analysiert; Jungen zwischen 11 und 13 Jahren, Jungen

Tab. 2.3 Beim Fußball erreichte Ballgeschwindigkeiten in Abhängigkeit des Alters (*N* Stichprobenumfang, *SEM* Standardfehler des Mittelwerts, *SD* Standardabweichung)

		Kinder (11–13 Jahre)	Jugend (15–17 Jahre)	Herren
N		9	10	10
Alter (mean)		12,2	16,4	24,2
Geschwindigkeit in km · h^{-1}	Mittel	52,9	79,1	88,5
	(SEM)	(2,0)	(1,4)	(1,7)
	(SD)	(6,1)	(4,3)	(5,5)

zwischen 15 und 17 Jahren sowie eine Herrenmannschaft mit einem Altersdurchschnitt von 24,2 Jahren (Tab. 2.3). Auch hier zeigt sich ein höchst signifikanter Unterschied zwischen den Gruppen, mit einer Effektstärke von $\eta^2 = 0{,}90$. Wie vermutet, nimmt die erreichte Ballgeschwindigkeit mit dem Alter zu, was durch die altersbedingte Kraftzunahme wie auch durch Trainingseffekte erklärt werden kann.

2.1.3 Geschwindigkeitsbestimmung beim ICE

Patrik Vogt

Ziel des folgenden Versuches ist die Bestimmung der Zuggeschwindigkeit durch einen mitbewegten Beobachter, wozu ausschließlich eine Smartphonekamera mit Highspeed-Modus benötigt wird [15].

Durchführung und Auswertung

Die Durchführung des Experiments ist äußerst simpel: Man filmt im Hochgeschwindigkeitsmodus (z. B. 240 fps) aus einem fahrenden Zug heraus ein nebenliegendes Eisenbahngleis (Abb. 2.7). Da der Schwellenabstand *d* konstant ist (nämlich 0,6 m [17]), kann das gefilmte Gleis bei der Auswertung des Videos als Maßstab dienen und liefert die in einem bestimmten Zeitintervall Δt zurückgelegte Strecke Δs. Die Untersuchung des Films erfolgt direkt auf dem Smartphone, ein Computer sowie eine Videoanalysesoftware werden nicht benötigt [18]. Hierzu zählt man die Einzelbilder n_B, die benötigt werden, bis eine bestimmte Zahl an Schwellen n_S den aufgenommenen Bildbereich verlässt. Die Bildanzahl dividiert durch die Framerate bzw. Bildfrequenz *f* in fps (frames per second) liefert die Zeitdauer Δt in Sekunden. Insgesamt ergibt sich für die Geschwindigkeit des Zuges:

$$v = \frac{\Delta s}{\Delta t} = \frac{n_S}{n_B} \cdot d \cdot f \tag{2.1}$$

Da das Zeitintervall Δt sehr klein ist (im Bereich einer Zehntelsekunde), entspricht die Abschätzung näherungsweise der Momentangeschwindigkeit des Zuges. Bei der Fahrt in einem ICE kann das Ergebnis mit der Geschwindigkeitsangabe im Zug

Abb. 2.7 Bahnschwellen aus Stahlbeton haben einen definierten Abstand [16]

Abb. 2.8 Geschwindigkeitsanzeige im ICE bei Durchführung der Messung

verglichen werden. Hierzu liest man die Momentangeschwindigkeit unmittelbar nach der Filmaufnahme an einem entsprechendes Display ab (Abb. 2.8).

Ergebnis einer Beispielmessung

Die Beispielmessung wurde mit einem iPhone 6 unter Verwendung des Hochgeschwindigkeitsmodus ($f = 240$ fps) auf einer ICE-Strecke zwischen Leipzig und Hamburg durchgeführt. Es zeigt sich, dass zum Passieren von 11 Schwellen 29 Einzelbilder benötigt wurden. Einsetzen der Zahlenwerte in Gl. 2.1 und unter Berücksichtigung des Schwellenabstands von 0,6 m ergibt sich das Zugtempo zu (197 ± 3) km · h^{-1}, was exakt mit der Geschwindigkeitsangabe im Zug übereinstimmt (Abb. 2.8).

Abb. 2.9 Länge und Abstand der Leitlinien sind bei einer Autobahn konstant; Autobahnabschnitt der A5 in der Höhe von Ringsheim, dargestellt mit Google Earth

Hinweise und Tipps

- Statt des Smartphones können natürlich auch herkömmliche Digitalkameras zum Einsatz kommen. Es muss jedoch darauf geachtet werden, dass diese über einen Hochgeschwindigkeitsmodus verfügen (z. B. Casio Exilim EX-ZR100).
- Lehrer können das Experiment mit Schülern gemeinsam auf einer Klassenfahrt durchführen oder von einzelnen Schülern auf ihrem Schulweg.

Übertragung der Idee auf den Straßenverkehr

Das beschriebene Verfahren zur Bestimmung der Zuggeschwindigkeit lässt sich auch auf den Straßenverkehr übertragen. So kann man bei einer Autobahnfahrt als Maßstab entweder die Leitlinien (Länge 6 m, Abstand 12 m [19], Abb. 2.9) oder die Leitpfosten (Abstand 50 m [20]) verwenden. Bei einer Beispielmessung fuhr das Fahrzeug in 11,12 s an 20 Leitlinien vorbei, woraus sich ein Durchschnittstempo von ca. $(117 \pm 0,5)$ km $\cdot$ h^{-1} ergibt. Dieses stimmt sehr gut mit der Tachometeranzeige (120 km $\cdot$ h^{-1}) überein, wobei die Abweichung nach unten mit dem vom Gesetzgeber vorgeschriebenen Tachovorlauf begründet werden kann ([21, 22] und Abschn. 2.3.4).

2.2 Vorsicht beim freien Fall

2.2.1 Smartphones im freien Fall

Patrik Vogt

Zur Bestimmung der Erdbeschleunigung können die in Smartphones verbauten Beschleunigungssensoren zum Einsatz kommen [1, 23]. Um die Messwerte jedoch richtig interpretieren zu können, muss der Experimentator die prinzipielle Funktionsweise der Sensoren verstehen, weshalb der Beschreibung des eigentlichen Experiments eine kleine Einführung in die Sensorik vorangestellt ist.

Abb. 2.10 Screenshot des Spiels Real Racing, bei dem das Fahrzeug durch Neigen des iPhones gesteuert werden kann

Steuerung durch Neigung

Zahlreiche Smartphone-Anwendungen beruhen auf der Bestimmung der Neigung des Geräts. Beispiele hierfür sind das Spiel „Real Racing" (Abb. 2.10), bei dem ein Rennauto über die Neigung des Smartphones gefühlvoll gesteuert werden kann [24], „Wasserwagen", die den Neigungswinkel zur Horizontalen exakt angeben [25], oder die automatische Anpassung von Programmoberflächen bei Drehung des Geräts um 90°. Solche Anwendungen werfen die Frage auf, wie die Neigung des Smartphones ermittelt werden kann.

Grundlage der Neigungsbestimmung sind drei Sensoren, welche die auftretenden Beschleunigungskomponenten mit einer Messfrequenz von 100 Hz bestimmen (tatsächlich handelt es sich um Kraftsensoren, d. h., die Beschleunigungen werden indirekt gemessen). Befindet sich das Smartphone unbeschleunigt in der in Abb. 2.11a dargestellten Position, so wirkt auf das Gerät lediglich die Gewichtskraft, d. h., die Sensoren in Richtung der x- und z-Achse messen keine Beschleunigung, der Sensor in Richtung der y-Achse die negative Erdbeschleunigung $-g$. Bei Rotation des Geräts um den Winkel α innerhalb der xy-Ebene ändert sich die Situation grundlegend (Abb. 2.11b): Da sich die Sensoren und somit das Koordinatensystem mitdrehen, messen die Sensoren in Richtung der x- und y-Achse nun nicht mehr null, sondern die Projektion der Erdbeschleunigung in Richtung der Achsen. Somit gilt:

$$a_x = \sin(\alpha) \cdot g \qquad a_y = -\cos(\alpha) \cdot g \qquad a_z = 0 \text{ ms}^{-2}$$

(a_x, a_y, a_z Beschleunigung in Richtung der x-, y-, und z-Achse). Die einleitend beschriebenen Apps lesen die Beschleunigungssensoren aus, berechnen aus den Messwerten die Neigung des Geräts und passen die Oberfläche grafisch an.

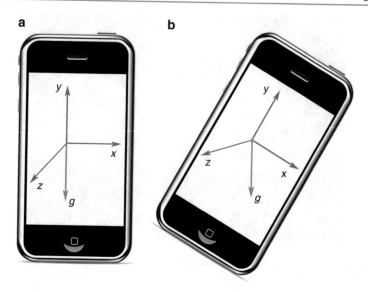

Abb. 2.11 Bestimmung der Lage des Smartphones aus den gemessenen Beschleunigungswerten; die Sensoren messen die Beschleunigungen in Richtung der eingezeichneten Achsen. (**a**) vertikal ausgerichtetes Smartphone, (**b**) gedrehtes Smartphone

Wirkungsweise der Sensoren

Zu klären bleibt das Funktionsprinzip der Beschleunigungssensoren selbst. Bei ihnen handelt es sich um Mikrosysteme, die mechanische und elektrische Informationen verarbeiten, sogenannte Micro-Electro-Mechanical-Systems (MEMS). Im einfachsten Fall besteht ein solcher Beschleunigungssensor aus einer seismischen Masse, die über Spiralfedern so aufgehängt wird, dass sie in einer Richtung frei beweglich ist. Ist in dieser Richtung eine Beschleunigung a vorhanden, so wird die Masse m um die Strecke x ausgelenkt. Die Änderung der Position kann mit piezoresistiven, piezoelektrischen oder kapazitiven Methoden gemessen werden und ist ein Maß für die vorliegende Beschleunigung [26]. Meist erfolgt die Messung der Auslenkung kapazitiv. Ein vereinfachter Aufbau eines solchen Sensors zeigt die Abb. 2.12: Drei parallel angeordnete, über Spiralfedern miteinander verbundene Platten aus Silizium bilden eine Reihenschaltung zweier Kondensatoren. Die beiden äußeren Platten sind fixiert, die mittlere – sie dient als seismische Masse – ist beweglich. Bei Beschleunigungsvorgängen ändern sich die Plattenabstände, was bekanntlich zu Kapazitätsänderungen führt. Diese werden gemessen und in einen Beschleunigungswert umgerechnet. Strenggenommen handelt es sich also nicht um Beschleunigungs-, sondern um Kraftsensoren.

Aufbau und Durchführung

Zur Untersuchung des freien Falls bietet es sich an, das Smartphone zunächst an einem Faden aufzuhängen, welcher zum Starten des Falls durchgebrannt wird. Damit das Gerät keinen Schaden nehmen kann, wird unterhalb des Mobiltelefons

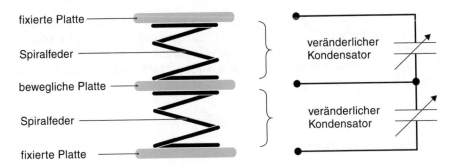

Abb. 2.12 Aufbau und Funktionsweise der Beschleunigungssensoren

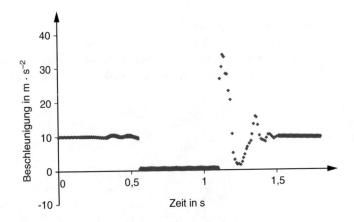

Abb. 2.13 Beschleunigungsverlauf beim freien Fall

eine weiche Unterlage (z. B. ein Kissen) platziert. Nachdem das Beschleunigungs-
messprogramm mit einer Messfrequenz von 100 Hz gestartet wurde, wird der
Faden durchgebrannt und der freie Fall setzt ein. Den Betrag der gemessenen
Beschleunigung zeigt die Abb. 2.13.

Interpretation der Daten
Zunächst hängt das Smartphone am Faden, und es wird die Erdbeschleunigung
von 9,81 m · s^{-2} (linker Teil des Diagramms) gemessen. Nach ca. 0,6 s setzt der
freie Fall ein, und die Sensoren können – da sie selbst mit 1 g beschleunigt werden – keine Beschleunigung registrieren. Dieser Zustand hält an, bis der Fall
des Mobiltelefons durch das Auftreffen auf der Unterlage beendet wird. Wie der
Abb. 2.13 zu entnehmen ist, federt der Sensor noch etwas nach und befindet sich
nach etwa 1,5 s erneut in völliger Ruhe. Es ist offenkundig, dass bei dem vorgeschlagenen Experiment das Smartphone nicht nur als Fallkörper fungiert, sondern gleichzeitig als elektronische Messuhr zum Einsatz kommt; mit ihr kann die

Zeit des freien Falls mit guter Genauigkeit bestimmt werden. Für das dargestellte Messbeispiel mit einer Fallstrecke $s = 1{,}575$ m ergibt sich eine Fallzeit $t = 0{,}56$ s. Einsetzen der Zahlenwerte in das Weg-Zeit-Gesetz für gleichmäßig beschleunigte Bewegungen (ohne Anfangsstrecke sowie Anfangsgeschwindigkeit und mit dem Ortsfaktor als Beschleunigung)

$$s = \frac{1}{2} g t^2 \tag{2.2}$$

liefert die Erdbeschleunigung g zu

$$g = \frac{2s}{t^2} = (10{,}0 \pm 0{,}2)\,\frac{\mathrm{m}}{\mathrm{s}^2},$$

mit einer für Unterrichtszwecke ausreichenden Messgenauigkeit.

Mehr Spaß macht's im Freizeitpark

Besonders eindrucksvoll lässt sich der freie Fall anhand eines Freefall-Towers untersuchen, wie man ihn gelegentlich in Freizeitparks antreffen kann. Die Abb. 2.14 zeigt einen ähnlichen Fallturm wie der des Holiday Parks (Hassloch/Pfalz), bei dem

Abb. 2.14 Beispiel für ein Freefall-Tower. (© Picturelibrary Alamy mauritius images)

ein Lift zunächst drei Vierersitzgondeln in eine Höhe von 62 m anhebt und welcher für die Messung genutzt wurde. Nach einer kurzen Verweilpause setzt der freie Fall ein, welcher bereits nach einer Fallstrecke von 36,3 m wieder abgebremst wird [27]. Der mit einem Smartphone gemessene Beschleunigungsverlauf ist in Abb. 2.15 dargestellt. Analog zur Untersuchung des freien Falls bei kleiner Fallstrecke messen die Sensoren zunächst die Erdbeschleunigung, während des Falls deutlich geringere Werte und eine hohe Beschleunigung beim Abbremsvorgang. Dass sich die Beschleunigungen während des Falls hier von null unterscheiden, zeigt, dass die Fallbeschleunigung betragsmäßig kleiner ist als die Erdbeschleunigung und der Fall somit nicht völlig frei erfolgt. Dennoch lässt sich die Zeit des „freien Falls" dem Datensatz entnehmen (im Messbeispiel sind es ca. 2,6 s), womit unter Berücksichtigung der Gl. 2.2 die Freifallstrecke zu 33 m abgeschätzt werden kann. Dieses Ergebnis weicht um 3,6 m von der Betreiberangabe ab und ist für einen Schulversuch bei einer Abweichung von knapp 10 % noch akzeptabel.

Neben dem Freefall-Tower können auch andere Fahr-Attraktionen von Freizeitparks mithilfe von Beschleunigungssensoren experimentell untersucht werden und Lernanlässe für den Mechanikunterricht bieten [28].

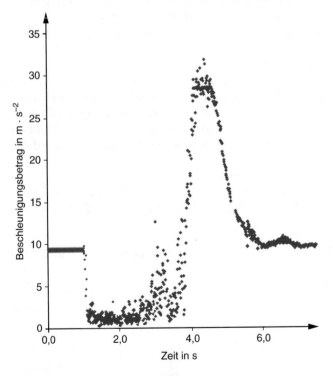

Abb. 2.15 Beschleunigungsverlauf beim Freefall-Tower

2.2.2 Die Fallzeit hören

Patrik Vogt

Durch eine akustische Bestimmung der Fallzeit t einer Kugel, soll unter Berücksichtigung des Weg-Zeit-Gesetzes für gleichmäßig beschleunigte Bewegungen

$$s = \frac{1}{2}at^2 \tag{2.3}$$

die Erdbeschleunigung g bestimmt werden (s Fallstrecke, a Beschleunigung). Die Idee dieses Experiments geht auf White et al. zurück [29] und wurde als Smartphone-Experiment bereits in [30] veröffentlicht.

Durchführung

Man legt eine Kugel an den Rand eines Tisches und stößt diese mit einer zweiten Kugel oder einem anderen Gegenstand an (Abb. 2.16). Das beim Zusammenstoß hervorgerufene Schallsignal wird mit dem internen Mikrofon eines Smartphones registriert und liefert die Startzeit des Falls. Trifft die Kugel auf den Boden auf, so wird ein zweites Schallsignal aufgezeichnet, welches die Zeitmarke für das Ende des Falls liefert (Abb. 2.17). Die Fallstrecke, sie entspricht der Tischhöhe, wird mit einem Maßstab ermittelt, wonach die Erdbeschleunigung berechnet werden kann.

Weiterführende Hinweise

Um die Messfehler zu minimieren, sollte das Smartphone entsprechend der Abbildung in halber Tischhöhe platziert werden. So wird gewährleistet, dass der Schall für seine Ausbreitung von den beiden Entstehungsorten zum Mikrofon die gleichen Zeiten benötigt. Außerdem sollte der Versuch mehrmals durchgeführt werden (z. B. 10-mal) und anschließend eine Mittelwertbildung erfolgen.

Ergebnis einer Beispielmessung

Bei einer Tischhöhe von 0,72 m lieferte eine Messreihe die in Tab. 2.4 dargestellten Ergebnisse. Es ergibt sich ein Mittelwert für die Erdbeschleunigung von

Abb. 2.16 Versuchsaufbau

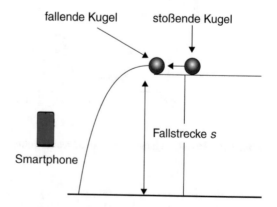

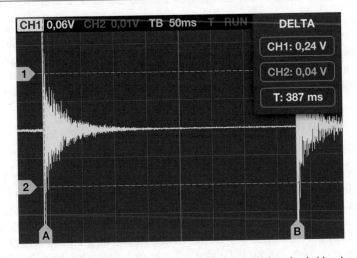

Abb. 2.17 Screenshot der App „Oscilloscope" [31]; die Zeit zwischen den beiden Ausschlägen entspricht der Fallzeit der Kugel

Tab. 2.4 Ergebnisse einer Messreihe

Messung	t in s	g in m $\cdot$ s^{-2}
1	0,393	9,32
2	0,388	9,57
3	0,396	9,18
4	0,396	9,18
5	0,399	9,05
6	0,393	9,32
7	0,387	9,61
8	0,398	9,09
9	0,391	9,42
10	0,390	9,47
Mittel	**0,393**	**9,32**

9,32 m $\cdot$ s^{-2}, die Standardabweichung SD beträgt 0,2 m $\cdot$ s^{-2}, der Standardfehler des Mittelwerts

$$SEM = \frac{SD}{\sqrt{N}} \approx 0,06 \ \frac{m}{s^2}.$$

Der Literaturwert liegt somit nicht im Fehlerbereich der Messung (N Anzahl der Messungen). Schaut man sich die Werte der Erdbeschleunigung genauer an, so fällt auf, dass diese nicht – wie eigentlich üblich – um den Literaturwert von 9,81 m $\cdot$ s^{-2} streuen, sondern systematisch darunter liegen. Zwei mögliche

Erklärungen hierfür sind: a) Die gemessene Fallstrecke ist tatsächlich etwas größer als der Messwert; b) die gestoßene Kugel lag nicht nahe genug an der Tischkante, weshalb sie nach dem Zusammenstoß zunächst ausschließlich eine Geschwindigkeitskomponente in horizontaler Richtung hat (bis zur vollständigen Überquerung der Tischkante) und nicht sofort vertikal beschleunigt.

2.2.3 Wenn die Luft reibt

Sebastian Becker, Pascal Klein und Jochen Kuhn

Die Inhalte dieses Abschnittes orientieren sich an den Ausführungen in [32]. Es wird ein Freihandexperiment vorgestellt, mit dem der Einfluss der Luftreibung bei Fallbewegungen mittels der physikalischen Videoanalyse mit mobilen Endgeräten wie Smartphones oder Tablet-PCs experimentell untersucht werden kann. Mit diesem Ansatz kann die Aufnahme des Videos, dessen Auswertung und die Visualisierung der relevanten physikalischen Größen mit ein und demselben mobilen Endgerät durchgeführt werden. Auf diese Weise werden die Vorteile mobiler Endgeräte mit den Möglichkeiten der physikalischen Videoanalyse als Messmethode kombiniert.

Theoretischer Hintergrund

Für typische Fallexperimente unter Laborbedingungen kann eine große Reynoldszahl von $R \gg 1$ angenommen werden. In diesem Fall ist die Luftreibungskraft proportional zum Quadrat der Fallgeschwindigkeit (v^2) des Objekts, und es gilt die Formel

$$F_R = \frac{1}{2} c_W \rho_L A v^2 \qquad (2.4)$$

Dabei stehen ρ_L für die Dichte der Luft, A für die Projektionsfläche des fallenden Objekts in Richtung der Luftreibungskraft und c_W für den Strömungswiderstandskoeffizienten. Ist Luftreibungskraft und Gravitationskraft vom Betrag her gleich groß, so ist das fallende Objekt im Kräftegleichgewicht, und das Objekt erreicht seine stationäre Endgeschwindigkeit. Eine Formel für diese Geschwindigkeit kann über einen Kräfteansatz hergeleitet werden und führt auf

$$v_e = \sqrt{\frac{2mg}{c_W \rho_L A}}, \qquad (2.5)$$

wobei m die Masse des fallenden Objekts bezeichnet. Diese Formel kann nach dem Strömungswiderstandskoeffizient aufgelöst werden:

$$c_W = \frac{2mg}{\rho_L A v^2} \qquad (2.6)$$

Experimentaufbau

Für die Durchführung des Experiments wird ein Objekt benötigt, welches seine stationäre Endgeschwindigkeit unter Laborbedingungen vor dem Auftreffen auf dem Erdboden erreicht. Eine kostengünstige Lösung ist die Verwendung einer Muffin-Backform (Abb. 2.18). Um die stationäre Endgeschwindigkeit experimentell

Abb. 2.18 Muffin-Backform

zu ermitteln, lässt eine Person die Backform mit ausgestrecktem Arm fallen und eine weitere nimmt ein Video der Fallbewegung mit dem Tablet-PC senkrecht zur Bewegungsebene der fallenden Backform in einer ausreichend großen Distanz auf (ca. 3 m). Es ist darauf zu achten, dass sich eine Referenzlänge im Bildausschnitt befindet, um den Pixelabstand in reale Entfernungen zu transferieren (Abb. 2.19). Um Überblendungen zu vermeiden, sollte die Aufnahmerate auf ein Minimum von 60 Einzelbildern pro Sekunde festgesetzt werden. Für die Aufnahme und die Analyse des Videos wurde hier ein iPad mini mit der kostenlosen App Viana [33] verwendet.

Auswertung und Diskussion

Die physikalische Analyse des Videos liefert die Position der Backform und deren Fallgeschwindigkeit an durch die Aufnahmerate definierten Zeitpunkten. Am Zeit-Geschwindigkeit-Diagramm lässt sich erkennen, dass die Fallgeschwindigkeit gegen eine stationäre Endgeschwindigkeit konvergiert (Abb. 2.20).

Die stationäre Endgeschwindigkeit kann aus den zeitabhängigen Positionsdaten extrahiert werden. Dafür wurden die Messdaten für eine Regressionsanalyse von Viana in die kostenlose App Vernier Graphical Analysis [34] exportiert (Abb. 2.21). Die stationäre Endgeschwindigkeit ergibt sich aus der Steigung der Ausgleichsgeraden (hier: $1,425 \frac{m}{s}$ mit einem RMSE-Wert [35] von 0,004).

Die Masse des fallenden Objekts bei gleichbleibender Projektionsfläche kann auf einfache Weise verdoppelt, verdreifacht oder anders vervielfacht werden, indem man die Backformen ineinandersteckt. So wurde experimentell die Fallgeschwindigkeit von einer bis zu fünf ineinandergesteckten Backformen ermittelt. Um die Abhängigkeit der stationären Endgeschwindigkeit von der Masse des fallenden Objekts zu bestimmen, trägt man die ermittelte quadrierte stationäre Endgeschwindigkeit gegen die Masse auf und führt mittels der App Vernier Graphical Analysis [34] eine lineare Regressionsanalyse durch und bestätigt dadurch die nach Gl. 2.5 theoretisch erwartete Abhängigkeit (Abb. 2.22).

Weiterhin kann man Gl. 2.6 nutzen, um aus dem Ergebnis der Regressionsanalyse einen experimentellen Wert für den Strömungswiderstandskoeffizienten zu ermitteln. Setzt man die Werte $m = 0,34$ g, $\rho_L = 1,20$ kg $\cdot$ m^{-3}, $A = 44,18$ cm^2, so ergibt sich der Strömungswiderstandskoeffizient zu $c_W = 0,59$. Vergleicht man

Abb. 2.19 Experimentaufbau

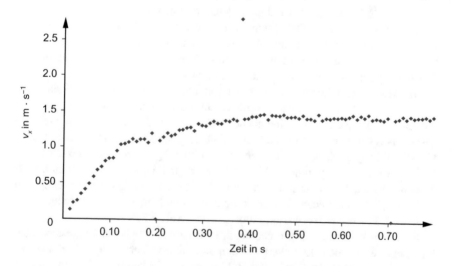

Abb. 2.20 Zeit-Geschwindigkeit-Diagramm (Fallrichtung in positive x-Richtung)

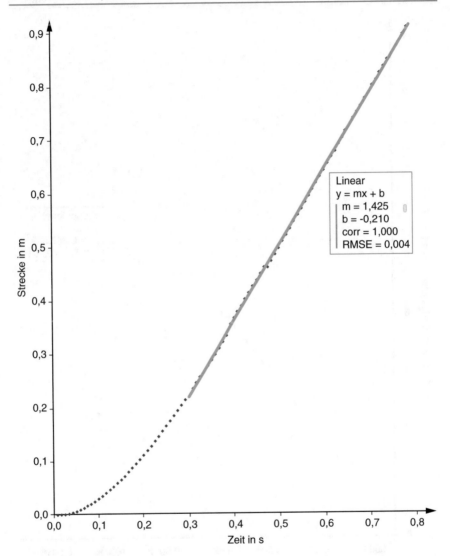

Abb. 2.21 Lineare Regressionsanalyse

diesen experimentellen Wert mit dem Theoriewert für eine Kugel ($c_W = 0,47$ [36]), so ist der Wert erwartungsgemäß größer, da bei gleicher Projektionsfläche eine Kugel eine geringere Luftreibungskraft erfährt.

Der vorgestellte experimentelle Ansatz ermöglicht es, Luftreibungseffekte durch die physikalische Videoanalyse mit dem Tablet-PC experimentell zu untersuchen. Dabei kann das asymptotische Verhalten der Fallgeschwindigkeit erkannt und die stationäre Fallgeschwindigkeit sowie der Strömungswiderstandskoeffizient experimentell ermittelt werden. Hierbei findet die Aufnahme des Videos, die Generierung der Messdaten und deren Auswertung auf ein und demselben mobilen Endgerät statt.

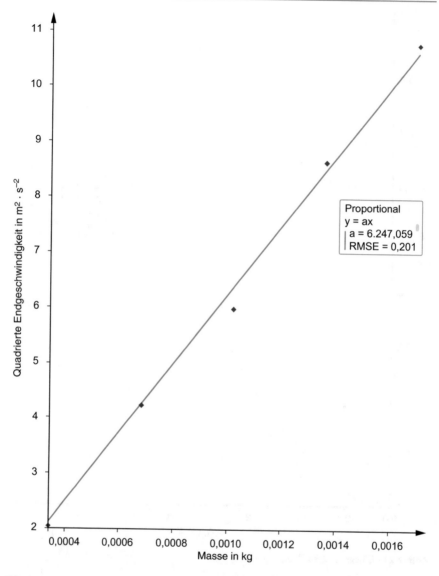

Abb. 2.22 Lineare Abhängigkeit der quadrierten stationären Endgeschwindigkeit von der Masse

2.2.4 Stahlkugeln und Fallschirmspringer

Sebastian Becker und Jochen Kuhn

Es wird ein Freihandexperiment basierend auf den Ausführungen in [37] vorgestellt, mit dem der zeitliche Verlauf der Fallgeschwindigkeit bei einem realen Fallschirmsprung unter Laborbedingungen reproduziert werden kann. Dazu wird ein Video einer Stahlkugel aufgenommen, welche nacheinander durch Flüssigkeiten unterschiedlicher Viskosität fällt. Der Geschwindigkeitsverlauf wird mithilfe einer physikalischen Videoanalyse aus dem aufgenommenen Video ermittelt. Die Aufnahme und Analyse des Videos sowie die Visualisierung der relevanten physikalischen Größen wurden mit der App Viana [33] auf einem iPad mini durchgeführt.

Theoretischer Hintergrund

Der typische Geschwindigkeitsverlauf eines realen Fallschirmsprungs ist in Abb. 2.23 dargestellt. Der Fallschirmspringer erreicht aufgrund der Luftreibung nach einer bestimmten Zeit eine erste stationäre Geschwindigkeit v_1 (A). Sobald der Fallschirmspringer den Fallschirm öffnet (B), verringert sich seine Geschwindigkeit, bis er eine zweite stationäre Geschwindigkeit v_2 erreicht (C).

Um den realen Geschwindigkeitsverlauf in einem Analogieexperiment reproduzieren zu können, nutzt man die unterschiedlichen Fallgeschwindigkeiten in unterschiedlich viskosen Fluiden. Auf kleine kugelförmige Objekte wirkt bei der Bewegung durch eine Flüssigkeit eine Widerstandskraft, welche durch folgende Formel beschrieben werden kann

$$F_R = 6\pi\eta r v, \tag{2.7}$$

wobei r den Radius des Objekts, v seine Geschwindigkeit und η die Viskosität des Fluids kennzeichnen. Das Objekt erfährt im Fluid zudem eine Auftriebskraft nach der folgenden Formel

$$F_A = \rho_F V_K g, \tag{2.8}$$

wobei ρ_F die Dichte des Fluids und V_K das Volumen des Objekts bezeichnen. Das Objekt bewegt sich mit einer stationären Sinkgeschwindigkeit, sobald gilt:

$$F_G = F_A + F_R. \tag{2.9}$$

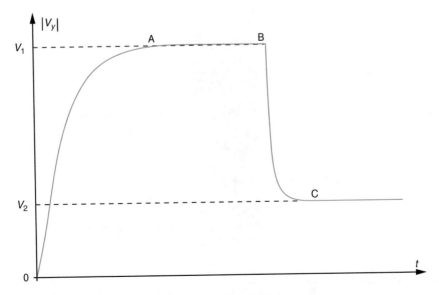

Abb. 2.23 Geschwindigkeitsverlauf eines typischen Fallschirmsprungs

Mit diesem Kräfteansatz lässt sich die folgende Formel für die stationäre Sink-geschwindigkeit herleiten:

$$v_s = \frac{2r^2 g(\rho_K - \rho_F)}{9\eta}. \tag{2.10}$$

An der Formel lässt sich erkennen, dass stationäre Sinkgeschwindigkeit und Viskosität des Mediums in einer antiproportionalen Beziehung zueinander stehen. Je viskoser also das Medium, desto geringer ist die Endgeschwindigkeit des Objekts. Dies lässt sich ausnutzen, um die zwei unterschiedlichen stationären Geschwindigkeiten bei einem realen Fallschirmsprung in einem Analogieexperiment zu reproduzieren.

Experimentaufbau

Zur Durchführung des Experiments wurde ein Plexiglaszylinder mit einem Durchmesser von 5 cm und einer Höhe von 25 cm genutzt, welcher zunächst zu einem Viertel mit Glycerin und anschließend zu drei Viertel mit Rapsöl befüllt wurde. Rapsöl hat im Vergleich zu Glycerin eine geringere Viskosität, und beide Fluide sind nicht mischbar. Als Fallobjekt wurde eine Stahlkugel mit einem Durchmesser von 8 mm verwendet, welche zunächst mit einem Magnet gehalten und anschließend durch Abziehen des Magneten in das Rapsöl fallen gelassen wird (Abb. 2.24).

Auswertung und Diskussion

Die Fallbewegung der Kugel wurde mit einem iPad mini aufgenommen und mit der App Viana [33] analysiert. Abb. 2.25 zeigt eine Bildschirmaufnahme des von

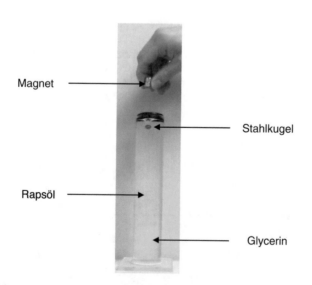

Abb. 2.24 Experimentaufbau

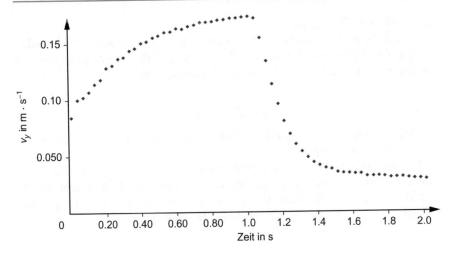

Abb. 2.25 Zeit-Geschwindigkeit-Diagramm (Fallrichtung in positive *y*-Richtung)

der App generierten Zeit-Geschwindigkeit-Diagramms. Man erkennt deutlich die zwei unterschiedlichen stationären Fallgeschwindigkeiten der Stahlkugel in Rapsöl und Glycerin. Das Geschwindigkeitsprofil entspricht in guter Näherung dem eines realen Fallschirmsprungs und ermöglicht so die Herstellung einer Analogie zwischen realem Vorgang und Laborexperiment.

Der vorgestellte experimentelle Ansatz lässt sich kostengünstig und ohne großen Aufwand in einem Freihandexperiment realisieren und kann dazu beitragen, das Konzept der stationären Endgeschwindigkeit eines fallenden Körpers unter Berücksichtigung von Reibungseffekten besser zu verstehen.

2.3   Rund im Kreis herum

2.3.1   Weiter und schneller im Kreis herum

Stefan Küchemann und Jochen Kuhn

Dieser Abschnitt zur Radialbeschleunigung und Winkelgeschwindigkeit ergänzt die vorhergehenden Kapitel um die Messungen an einem Kinderkarussell. Dieses Spielplatzgerät bildet durch seine weite Verbreitung und einfache Zugänglichkeit ein praktisches Beispiel, bei dem die Experimente für jeden leicht nachzuahmen sind. In der Auswertung dieses Experiments werden die Radialbeschleunigung und die Winkelgeschwindigkeit einerseits über eine klassische Herangehensweise mittels der Rotationsperiode und andererseits über den Beschleunigungssensor eines Smartphones bestimmt und miteinander verglichen.

Theoretischer Hintergrund

Der Inhalt dieses Abschnittes orientiert sich an den Ausführungen in [38]. Weitere Beispiele zum Thema sind z. B. in [39] und [40] zu finden. Im Allgemeinen wird die Radialbeschleunigung $\vec{a}$ bei einer Kreisbewegung durch

$$\vec{a} = \vec{\omega} \times (\vec{\omega} \times \vec{r}) \tag{2.11}$$

beschrieben. Dabei bezeichnen $\vec{\omega}$ die Winkelgeschwindigkeit und $\vec{r}$ den Abstandsvektor zum Drehzentrum.

Für die folgende Betrachtung wird angenommen, dass die Drehachse des Kinderkarussells in Richtung des Erdzentrums zeigt und sie senkrecht auf der Sitzfläche des Karussells steht. Damit steht $\vec{\omega}$ senkrecht auf $\vec{r}$ und es ergibt sich mittels $\omega = v \cdot r^{-1}$ für den Betrag der Radialbeschleunigung

$$a = \omega_a^2 r = \frac{v^2}{r} \leftrightarrow \omega_a = \sqrt{\frac{a}{r}}. \tag{2.12}$$

Hierbei bezeichnet v die Bahngeschwindigkeit einer Kreisbewegung im Abstand r. Hier wurde die allgemeine Winkelgeschwindigkeit ω durch die ω_a ersetzt, um deutlich zu machen, dass sie im Folgenden aus der gemessenen Beschleunigung a bestimmt wird. Abgesehen zu dieser Verbindung zu den Messgröße a und r steht die Winkelgeschwindigkeit ω auch in folgender Beziehung zu einer weiteren, experimentell mit dem Smartphone zugänglichen Größe, der Rotationsperiode T:

$$\omega_T = \frac{2\pi}{T}. \tag{2.13}$$

Analog zu Gl. 2.12 wurde hier die allgemeine Winkelgeschwindigkeit ω durch ω_T ersetzt, um die Bestimmung über die Rotationsperiode T hervorzuheben. Aus theoretischer Sicht sollten beide Herangehensweisen zur Bestimmung der Winkelgeschwindigkeit das gleiche Ergebnis liefern. Diese theoretische Vorhersage zur Gleichwertigkeit der beiden Bestimmungen der Winkelgeschwindigkeit entweder über Gl. 2.12 oder Gl. 2.13 wird in diesem Artikel am Beispiel des Kinderkarussells quantitativ geprüft.

Experimentaufbau

Wie in den vorherigen Abschnitten wird hier der Beschleunigungssensor in einem Smartphone verwendet, der beispielsweise mit der kostenfreien App SPARK-vue (für iPhones oder iPod touch) oder Accelogger (Android) ausgelesen werden kann. Für die hier vorgestellten Experimente wurde ein iPhone 5 S verwendet. Die Position des Beschleunigungssensors ist von wesentlicher Bedeutung für die Messungen. Daher wurde seine Lage in dem Smartphone zuvor mithilfe einer rotierenden Scheibe bestimmt. Das iPhone wurde dazu auf die Scheibe gelegt und zunächst in x-Richtung und anschließend in y-Richtung so verschoben, dass

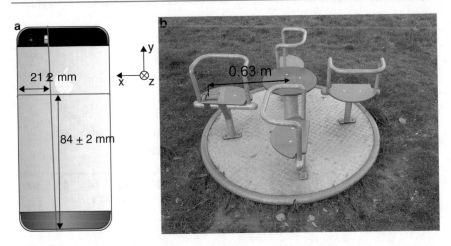

Abb. 2.26 Experimenteller Aufbau zur Bestimmung der Radialbeschleunigung. (**a**) Position des Beschleunigungssensors im iPhone 5 S. (**b**) Das Smartphone ist auf dem verwendeten Sitzplatzkarussell in einem Abstand von 0,63 m auf der Sitzfläche angebracht

die Radialbeschleunigung in x- bzw. in y-Richtung bei Rotation verschwindet. Die Lage der Raumrichtungen in Bezug auf das Smartphone und die Position des Beschleunigungssensors (rotes Kreuz) ist in Abb. 2.26a dargestellt. Er befindet sich 21 ± 2 mm vom linken Rand (also nicht mittig) und 84 ± 2 mm vom unteren Rand entfernt.

Abb. 2.26b zeigt das Kinderkarussell, welches für diese Messungen verwendet wurde. Das Smartphone wird auf der Sitzfläche in einem Abstand von 63 cm (gemessen vom Beschleunigungssensor zum Drehzentrum) mit Klebeband befestigt. Dabei zeigt die y-Achse radial nach außen, die x-Achse steht senkrecht auf die Drehachse und die z-Achse parallel zur Drehachse. Nun wird die Messung in dem oben genannten Programm gestartet. Die Daten werden mit einer Rate von 100 Hz aufgezeichnet. Danach wird das Karussell von außen aus vollständigen Stillstand durch tangentiale Krafteinwirkung für eine Sekunde beschleunigt. Anschließend wird es ohne Einwirkung von Personen alleine durch Reibung abgebremst. Die Messung endet sobald das Karussell wieder zum Stillstand gekommen ist. Die Bewegung des Karussells wird zusätzlich mit einem Smartphone in einem Video aufgezeichnet, um die Rotationsperiode T zu bestimmen. Dazu wird eine Bildrate von 30 Hz verwendet.

Auswertung und Diskussion

Die Messdaten für die Radialbeschleunigung in y-Richtung sind in Abb. 2.27a dargestellt. Diese Beschleunigungswerte sind positiv und zeigen somit vom Drehzentrum nach außen. Daher handelt es sich hier streng genommen um die negative Radialbeschleunigung, die auch als Zentrifugalbeschleunigung bezeichnet wird. Nach der einsekündigen Beschleunigungsphase zu einem Maximalwert

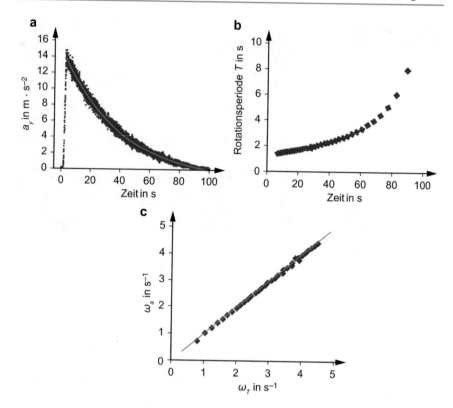

Abb. 2.27 Messergebnisse am Kinderkarussell. (a) Negative Radialbeschleunigung a_y als Funktion der Zeit. Die schwarze Linie entspricht einem exponentiellen Fit. (b) Rotationsperiode T als Funktion der Zeit. (c) Winkelgeschwindigkeit ω_a, berechnet aus der Radialbeschleunigung a_y, als Funktion der Winkelgeschwindigkeit ω_T, welche aus der Rotationsperiode T bestimmt wurde. Die schwarze Linie entspricht dem Fall, dass $\omega_a = \omega_T$ gilt

von ungefähr $14\ \mathrm{m \cdot s^{-2}}$ folgt eine exponentielle Abklingzeit von ca. 100 s. Die exponentielle Anpassung der Abnahme der Radialbeschleunigung mittels

$$a_y(t) = a_{y,0} + A \cdot \exp(-(t - t_0)/\tau)$$ liefert die Parameter $a_{y,0} = -1,22$ $\pm 0,01\,\mathrm{m \cdot s^{-2}}$, $A = 14,86 \pm 0,01\,\mathrm{m \cdot s^{-2}}$, $t_0 = 3,25\,\mathrm{s}$ und $\tau = 38,17 \pm 0,08\,\mathrm{s}$. Diese Parameter werden unten zur Bestimmung der Winkelgeschwindigkeit ω_a nach Gl. 2.12 zu den Zeitpunkten t aus Abb. 2.27b verwendet. Abb. 2.27b zeigt die Änderung der Rotationsperiode $T = t_{i+1} - t_i$, mit t_i als Zeitpunkt eines Null-durchgangs und $i = 1, 2, \ldots, 33$, als Funktion der Zeit $t = (t_{i+1} + t_i)/2$. Zu Beginn liegt die Periode bei einem Wert von 1,6 s und steigt im Verlauf der Messung auf einen Wert von 8,0 s nach einer Messzeit von 90 s an. Aus diesen Werten wurde die zugehörige Winkelgeschwindigkeit ω_T nach Gl. 2.13 berechnet. Abb. 2.27c zeigt die Winkelgeschwindigkeit ω_a in Abhängigkeit der Winkelgeschwindigkeit ω_T. Es wird deutlich, dass beide Herangehensweisen zur Bestimmung der Winkel-geschwindigkeit bei niedrigen als auch bei hohen Werten eine sehr gute Überein-stimmung zeigen. Diese Beobachtung wird quantitativ belegt durch das Verhältnis $\omega_a/\omega_T = 0,98$ (Perfekte Übereinstimmung bei $\omega_a/\omega_T = 1,00$), welches über alle

Werte gemittelt wurde. Abschließend lässt sich aus den Ergebnissen schlussfolgern, dass der Beschleunigungssensor selbst bei langsamer Rotation eine verlässliche Alternative zur „klassischen" Bestimmung der Winkelgeschwindigkeit über die Rotationsperiode bietet.

2.3.2 Türeschlagen mal anders

Pascal Klein

Eine Tür stellt einen starren Körper dar, der um eine raumfeste Achse rotieren kann. Wird eine Tür mit einem kurzen, heftigen Kraftstoß in Rotation gebracht, schwingt sie – sich selbst überlassen – mit einer zeitabhängigen Winkelgeschwindigkeit weiter, bis sie in den Rahmen fällt. In diesem Experiment wird dieser Vorgang mithilfe des Beschleunigungssensors eines Smartphones untersucht, wobei der Fokus auf der Bewegungsphase liegt, in der sich die Tür in Rotation befindet. Das Verhalten zugeschlagener Türen wurde schon phänomenologisch in [41] sowie quantitativ in [42] untersucht.

Theoretische Grundlagen

Stößt man ein physikalisches System an und überlässt es dann sich selbst, spricht man von einem Ausroll- oder Ausschwingversuch. Ein bekanntes Beispiel ist das gedämpfte Faden- oder Federpendel. Die Abnahme der Auslenkung (bzw. der Winkelgeschwindigkeit im Falle der Rotation) lässt Rückschlüsse auf die zugrunde liegenden Reibungskräfte zu. Dieses Phänomen – d. h. die Abnahme der Rotationsgeschwindigkeit aufgrund der Reibung – lässt sich ebenso bei einer Tür, die zugeschlagen wird, beobachten. Dafür wird die Tür wie eine dünne Platte behandelt, die um die z-Achse rotieren kann, siehe Abb. 2.28. Die Rotationsbewegung wird durch das zweite Newton'sche Gesetz gemäß

$$D = I\frac{d\omega}{dt} \qquad (2.14)$$

beschrieben, wobei D die Summe der wirkenden Drehmomente, I das Trägheitsmoment der Tür und $d\omega/dt$ die zeitliche Änderung der Winkelgeschwindigkeit bedeuten. Würden keine Drehmomente herrschen, dann wäre die linke Seite von Gl. 2.14 null und die Winkelgeschwindigkeit somit konstant. Man würde beobachten, dass die Tür mit der Winkelgeschwindigkeit weiter rotiert, die sie zu Beginn der Bewegung durch den Kraftstoß hatte. Dies überprüfen wir experimentell.

Messung der Winkelgeschwindigkeit mit der App

Um Daten über die Winkelgeschwindigkeit während des Rotationsvorgangs zu erhalten, wird ein Smartphone mit Beschleunigungssensor im Abstand r von der Drehachse an der Tür befestigt (Abb. 2.28) und die Radialbeschleunigung gemessen. Dies entspricht einer Messung der x-Komponente im abgebildeten Beispiel. Die Beschleunigungsdaten können nach dem Experiment gemäß

Abb. 2.28 Eine Tür rotiert um eine raumfeste Achse, nachdem sie einen kurzen Kraftstoß erfährt

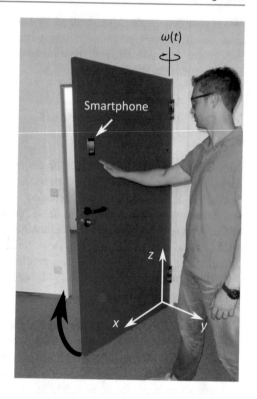

$$\omega = \sqrt{\frac{a_x}{r}} \qquad (2.15)$$

umgerechnet werden. Die Datenaufnahme erfolgt zum Beispiel mit der App SPARKvue (iOS oder Android). Aufgrund des kurzen Rotationsvorgangs (wenige Sekunden) wird eine hohe Messrate (>50 Hz) empfohlen.

Durchführung des Experiments

Das Smartphone wird wie gezeigt mit Klebeband an der Tür befestigt, die Messung gestartet und die Tür mit einem kurzen Kraftstoß zugeschlagen. Es ist darauf zu achten, dass die x-Richtung möglichst genau in radiale Richtung weist, um präzise Messdaten der Radialbeschleunigung zu erhalten. Das Experiment wird für verschieden starke Kraftstöße wiederholt.

Auswertung des Experiments

Die Beschleunigungsdaten werden gemäß Gl. 2.14 in Winkelgeschwindigkeiten umgerechnet. Abb. 2.29 zeigt die Messdaten des Experiments. Zunächst ist die Winkelgeschwindigkeit 0 (Tür in Ruhe), steigt dann abrupt auf an (Kraftstoß) und bleibt entgegen etwaiger Erwartungen nicht konstant. In der Rotationsphase

Abb. 2.29 Messdaten der
zugeschlagenen Tür

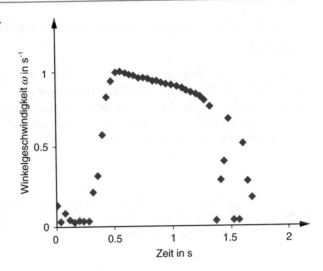

nimmt die Winkelgeschwindigkeit augrund der Reibung (Luftreibung, Reibung des Scharniers) im Laufe der Zeit etwas ab (Reibungsdrehmoment). Schließlich fällt die Tür in den Rahmen (Messrauschen). Zwei Beobachtungen sind anzumerken:

1. Der Abfall der Winkelgeschwindigkeit ist in erster Näherung linear, woraus sich Konsequenzen für die Form der Reibungskraft ergeben.
2. Kurz bevor die die Tür in den Rahmen fällt, nimmt die Winkelgeschwindigkeit plötzlich stark ab. Dieser Effekt kann durch Messwiederholungen bestätigt werden.

Erklärung und Schlussfolgerung
Die erste Beobachtung einer linearen Abnahme der Winkelgeschwindigkeit ist durch eine konstante Reibungskraft zu erklären. Wenn die Winkelgeschwindigkeit nämlich linear von der Zeit abhängt, dann ist die rechte Seite von Gl. 2.14 konstant, und damit auch die linke. Das Experiment zeigt also in einer ersten Näherung, dass die rotierende Tür Reibungskräften unterworfen ist, die als konstant angenommen werden können. In der Tat erreichen Modellanpassungen unter Verwendung von trockener Reibung (konstante Reibung) eine hinreichende Genauigkeit für starke Anfangskraftstöße ($R^2 = 0{,}99$), aber eine geringere Fitqualität für langsamere Rotationsbewegungen der Tür ($R^2 = 0{,}84$), wie in [41] gezeigt wurde. Für eine komplexere Betrachtung unter Berücksichtigung weiterer Reibungsterme und einen Vergleich verschiedener Reibungsmodelle zur Beschreibung der zuschlagenden Tür sei auf diese Originalarbeit verwiesen.

Die zweite Beobachtung lässt sich wie folgt erklären: Die von der Tür verdrängte Luftmasse strömt vor allem seitlich an der Türoberseite vorbei (zwischen Tür und Boden ist nur ein schmaler Spalt, d. h., es gibt kaum Luftströmung). Nähert sich die Tür dem Rahmen, ist dieser Luftstrom sowohl oben als auch seitlich eingeschränkt – die Luft „verdichtet" sich, die Widerstandskraft wird größer und folglich nimmt die Rotationsgeschwindigkeit stärker ab.

2.3.3 Kreisbewegung bei Kurven- und Kreiselfahrt

Patrik Vogt

Neben der Bestimmung von Rollreibungs- und Strömungswiderstandskoeffizienten (Abschn. 3.3) können Smartphones im Straßenverkehr u. a.
zur Untersuchung von Kreisbewegungen eingesetzt werden, was auch eine
Abschätzung der Krümmungsradien von Kurven und Verkehrskreiseln ermöglicht
[43, 44]. Hierzu nutzt man entweder die Beziehung

$$r = \frac{v^2}{a} \tag{2.16}$$

(r: Krümmungsradius, v: Bahngeschwindigkeit, a: Radialbeschleunigung) und
greift auf die Beschleunigungssensoren in Fahrtrichtung sowie quer dazu zurück,
oder man geht vom Zusammenhang

$$r = \frac{a}{\omega^2} \tag{2.17}$$

aus und misst zusätzlich zur Radialbeschleunigung a die Winkelgeschwindigkeit ω
mittels Gyroskop.

Mit Beschleunigungssensoren in die Kurve
Zur Bestimmung von Kurvenradien allein mittels Beschleunigungssensoren muss
das Smartphone horizontal und vertikal ausgerichtet sein. Zum Beispiel orientiert man das mobile Endgerät derart, dass sein Display horizontal ausgerichtet ist
und seine Längsachse (y-Komponente des dreidimensionalen Beschleunigungssensors) in Fahrtrichtung zeigt. Die x-Achse des Beschleunigungssensors weist
dann quer zur Fahrtrichtung. Für eine möglichst exakte Ausrichtung orientiert
man das Smartphone so, dass im unbeschleunigten Zustand (am einfachsten in
Ruhe) in x- sowie in y-Richtung keine Beschleunigungen gemessen werden, in
z-Richtung näherungsweise die Erdbeschleunigung. Wie bei dem Experiment zur
Bestimmung von μ_R und c_w (Abschn. 3.3) sollte bei der gewählten Teststrecke der
Höhenunterschied vernachlässigbar klein sein und das Fahrzeug aus dem Stand
beschleunigt werden.

Das Ergebnis einer Beispielmessung zeigt Abb. 2.30. Zunächst beschleunigt
das Fahrzeug auf ein Maximaltempo, ehe es sich mit annähernd konstanter Bahngeschwindigkeit weiterbewegt (ab ca. 6 s). Nach ca. 10 s beginnt die Kurvenfahrt
und endet etwa 4 s später. Die Beschleunigung in Fahrtrichtung bleibt während-
dessen nahe null, die Beschleunigung quer zur Fahrtrichtung (sie entspricht der
Radialbeschleunigung) erreicht dagegen einen Maximalwert von über $3 \text{ m} \cdot \text{s}^{-2}$.
Nach dem Durchfahren der Kurve geht die Radialbeschleunigung auf null zurück,
das Fahrzeug bremst zwischen 15 und 18 s ab („Bremspeak" in Abb. 2.30).

Eine numerische Integration der geglätteten Beschleunigungsdaten in Fahrt-
richtung liefert die Bahngeschwindigkeit des Fahrzeugs (Abb. 2.31). Zur
Abschätzung des Kurvenradius berücksichtigt man lediglich die Daten der
Kurvenfahrt und setzt für jeden Messzeitpunkt die Bahngeschwindigkeit und die

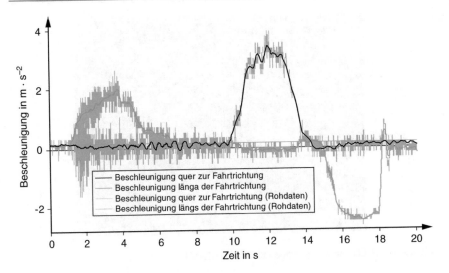

Abb. 2.30 Beschleunigungsverlauf längs und quer zur Fahrtrichtung

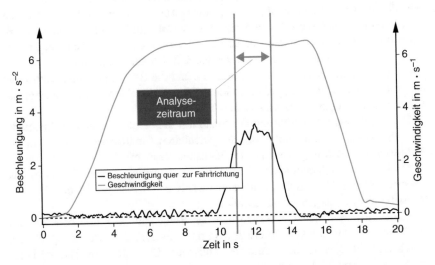

Abb. 2.31 Zeitlicher Verlauf von Bahngeschwindigkeit und Radialbeschleunigung

Radialbeschleunigung in Gl. 2.16. ein. Nach einer Mittelwertbildung und Durchführung dreier Messwiederholungen ergibt sich für die durchfahrene Kurve ein Krümmungsradius von 14,1 m, was gut mit der Vermessung einer Satellitenaufnahme (dargestellt mit Google-Maps) übereinstimmt – diese lieferte $(14 \pm 0,5)$ m (Abb. 2.32).

Abb. 2.32 Gefahrene Kurve, dargestellt mit Google-Maps

Mit Beschleunigungssensor und Gyroskop im Verkehrskreisel

Für dieses Experiment benötigt man eine App, welche zusätzlich zu den Beschleunigungssensoren das in Smartphones verbaute Gyroskop ausliest (z. B. SensorLog [45]), da nun die Gl. 2.17 zur Bestimmung des Krümmungsradius eines Verkehrskreisels herangezogen werden soll. Da zur Auswertung des Experiments keine numerische Integration nötig ist und die Berechnung unmittelbar mit den gemessenen Rohwerten erfolgen kann, ist das Verfahren weniger anspruchsvoll und zeitsparender als das zuvor beschriebene.

Für die Versuchsdurchführung fährt man mit dem Auto in den Verkehrskreisel ein, und der Beifahrer startet bei ausgerichtetem Smartphone und maximaler Abtastrate die Messung, wonach der Verkehrskreisel mindestens einmal durchfahren wird. Der aufgenommene Datensatz wird exportiert und am Computer ausgewertet. Abb. 2.33 zeigt den zeitlichen Verlauf von Winkelgeschwindigkeit und Radialbeschleunigung einer Beispielmessung.

Bildet man nun den Quotienten aus der Beschleunigung und dem Quadrat der Winkelgeschwindigkeit, so erhält man nach Gl. 2.17 für jeden Zeitpunkt den zugehörigen Radius der durchfahrenen Kreisbahn. Eine Mittelwertbildung liefert einen Radius von 11,4 m, was wiederum gut mit der Analyse einer Satellitenaufnahme übereinstimmt, die $(11 \pm 0{,}5)$ m lieferte (Abb. 2.34). Da der genaue Ort des Smartphones in der Satellitenaufnahme nur näherungsweise angegeben werden kann (etwa auf $\pm 0{,}5$ m genau), lässt sich der Abstand zum Drehzentrum mittels eines Seiles exakter ermitteln.

Beim Einsatz des Experiments im Physikunterricht sollte den Lernenden bewusst gemacht werden, dass hier die experimentelle Untersuchung der Kreisbewegung und speziell der Gl. 2.17 im Vordergrund steht und nicht die Radiusschätzung als solche – letztere würde einfacher und mit höherer Genauigkeit auf konventionellem Wege gelingen. Der Vergleich der Abschätzung mit dem tatsächlichen Radius bestätigt jedoch die zu untersuchende Beziehung.

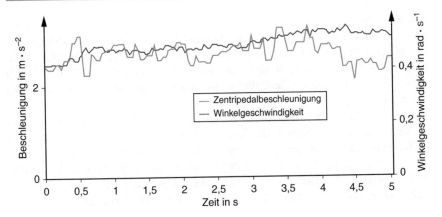

Abb. 2.33 Zeitlicher Verlauf der Radialbeschleunigung sowie der Winkelgeschwindigkeit bei der Fahrt im Verkehrskreisel

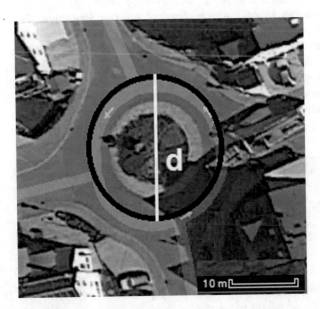

Abb. 2.34 Für die Beispielmessung genutzter Kreisverkehr, inklusive Maßstab (Google-Maps-Darstellung)

2.3.4 Mit GPS auf den Weg: Warum der Tachometer immer zu viel anzeigt

Patrik Vogt

Mithilfe eines Smartphones mit Navigations-App soll die vom Gesetzgeber vorgeschriebene Tachometervoreilung eines Kraftfahrzeugs untersucht werden [22].

Hintergrund

Vom Gesetzgeber ist vorgeschrieben, dass der Tachometer eines Kraftfahrzeugs niemals eine zu geringe Geschwindigkeit anzeigen darf, jedoch eine Voreilung von bis zu 10 % des gefahrenen Tempos plus 4 km $\cdot$ h^{-1} (Richtlinie 75/443/EWG [46]) nicht überschritten werden darf. Warum ist eine Voreilung des Tachometers somit sogar notwendig?

Das vom Tachometer angezeigte Tempo wird nicht direkt gemessen, sondern indirekt über die Reifendrehzahl. Dabei geht der Tacho von einem konstanten Reifenumfang aus, was strenggenommen aber nicht korrekt ist. Der Reifendurchmesser hängt vom Reifendruck und der Profiltiefe ab, wodurch auch der Reifenumfang variiert [47]. Bei gleichen Fahrgeschwindigkeiten rotiert ein abgefahrener Reifen öfter, und der Tacho zeigt folglich eine höhere Geschwindigkeit an.

Versuchsdurchführung und Auswertung

Zur Untersuchung der Tachometervoreilung notiert der Beifahrer während einer Autofahrt für unterschiedliche Geschwindigkeiten die digitale Anzeige des Autotachometers sowie die vom Navigationsgerät angezeigte Geschwindigkeit (Abb. 2.35 und 2.36).

Das Ergebnis einer Beispielmessung zeigt die Tab. 2.5 und ist grafisch in Abb. 2.37 dargestellt. Aufgetragen ist das vom Tachometer angezeigte Tempo in Abhängigkeit von der vom Navigationsgerät gemessenen Geschwindigkeit. Als Referenz wurde die Winkelhalbierende angezeichnet, wodurch unmittelbar erkenntlich wird, dass die am Tachometer angezeigte Geschwindigkeit stets oberhalb der realen Geschwindigkeit liegt. Ferner ist zu beobachten, dass die

Abb. 2.35 Bestimmung des Tempos mit der digitalen Geschwindigkeitsanzeige. (© algre Getty Images iStock)

Abb. 2.36 Bestimmung des Tempos mit dem Navigationsgerät oder einer Smartphone-App. (Quelle: https://pixabay.com/de/photos/navigation-auto-antrieb-stra%C3%9Fe-gps-1048294/)

Tab. 2.5 Beispielmessung

Tachometer geschwindigkeit in km · h⁻¹	GPS-Geschwindigkeit in km · h⁻¹	Beobachteter Tacho-vorlauf in km · h⁻¹	Maximal zugelassener Vorlauf
35	31	4	7,1
40	36	4	7,6
45	41	4	8,1
50	46	4	8,6
55	51	4	9,1
60	56	4	9,6
65	61	4	10,1
70	66	4	10,6
75	70	5	11
80	75	5	11,5
85	80	5	12
90	84	6	12,4
95	89	6	12,9
100	94	6	13,4
105	99	6	13,9
110	104	6	14,4
115	109	6	14,9
120	114	6	15,4
125	118	7	15,8
130	123	7	16,3
135	128	7	16,8

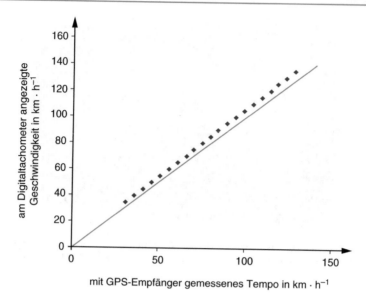

Abb. 2.37 Grafische Darstellung der Messung

Abweichung zur GPS-Messung mit zunehmender Geschwindigkeit größer wird, allerdings die vom Gesetzgeber zugelassene Differenz auch nicht überschreitet.

Diese Beobachtung lässt sich einfach theoretisch begründen, es gilt nämlich:

$$v_{abg} - v_{neu} = v_{neu} \cdot \frac{R_{neu}}{R_{abg}} - v_{neu} = v_{neu} \overbrace{\left(\frac{R_{neu}}{R_{abg}} - 1 \right)}^{k} = v_{neu} \cdot k$$

(v: angezeigte Geschwindigkeit, R: Reifenradius; der Index „neu" bezieht sich auf neues Reifenprofil, der Index „abg" auf abgefahrenes Profil). Die Tachometervoreilung ist somit proportional zur gefahrenen Geschwindigkeit.

2.4 Elastisch und unelastisch Stoßen

2.4.1 Zwei stoßende Wagen

Patrik Vogt

In diesem Kapitel wird ein Versuch zur Untersuchung elastischer und unelastischer Stöße vorgestellt. Neben den Massen der beiden Stoßpartner sind hierbei deren Geschwindigkeiten vor und nach dem Stoß von Bedeutung, welche durch numerische Integration über die gemessenen Beschleunigungsverläufe ermittelt werden [48].

Abb. 2.38 Gerader Stoß

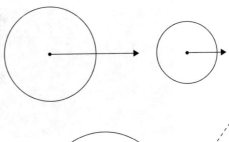

Abb. 2.39 Zentraler Stoß

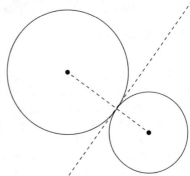

Theoretischer Hintergrund und Aufbau des Experiments

Beim geraden, zentralen, elastischen Stoß liegen die Bahnen der Schwerpunkte beider Stoßpartner auf einer Geraden (Abb. 2.38) und die Schwerpunkte selbst auf der Normalen zur Berührungsebene durch den Berührungspunkt (Abb. 2.39). Reibungsverluste sowie Änderungen der potentiellen Energien sind gegenüber den kinetischen Energien der Stoßpartner vernachlässigbar, das System ist während des Stoßprozesses abgeschlossen und ohne Einwirkung äußerer Kräfte [49].

Unter Berücksichtigung des Impuls- und Energieerhaltungssatzes lassen sich unter den genannten Voraussetzungen die Geschwindigkeiten v_1', v_2' der beiden Stoßpartner nach dem Stoß aus ihren Anfangsgeschwindigkeiten v_1, v_2 und Massen m_1, m_2 berechnen. Es gilt:

$$v_1' = \frac{(m_1 - m_2)v_1 + 2m_2v_2}{m_1 + m_2}, \qquad (2.18)$$

$$v_2' = \frac{(m_2 - m_1)v_2 + 2m_1v_1}{m_1 + m_2}. \qquad (2.19)$$

Aus den Gleichungen ist unmittelbar ersichtlich, dass bei gleichen Massen die Stoßpartner ihre Geschwindigkeiten und somit ihre Impulse sowie kinetischen Energien gerade austauschen, was durch den ersten Teilversuch bestätigt werden soll.

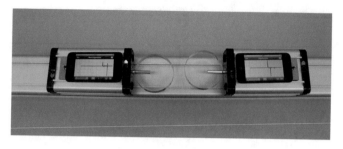

Abb. 2.40 Elastischer Stoß

Dazu wird der Versuch entsprechend Abb. 2.40 aufgebaut: Zwei mit Federn ausgestattete Wagen gleicher Massen (eine etwaige Differenz wird mittels Masse-stücke ausgeglichen) werden jeweils mit einem Smartphone oder iPod touch derart bestückt, dass die Längsachse der Geräte (y-Komponente der Beschleunigung) in Fahrtrichtung zeigt. Die Messfrequenz wird auf den Maximalbetrag von 100 Hz eingestellt (für iOS z. B. die App SPARKvue [8], für Android z. B. Accelogger [50]), die Beschleunigungsmessung gestartet und einer der beiden Wagen leicht so angestoßen, dass er auf den zweiten auffährt.

Beim geraden, zentralen, inelastischen Stoß geht ein Teil der kinetischen Energie durch Reibungs- und Verformungsarbeit verloren. Ein spezieller Fall ist der unelastische Stoß, bei dem sich die beiden Stoßpartner nach dem Aufprall mit gleicher Geschwindigkeit v weiterbewegen [49]. Der Energie- und Impuls-erhaltungssatz liefert dann:

$$v = \frac{m_1 v_1 + m_2 v_2}{m_1 + m_2}. \tag{2.20}$$

Sind die Massen beider Körper gleich und befindet sich einer der beiden vor dem unelastischen Stoß in Ruhe, so bewegen sich die Stoßpartner nach dem Aufprall mit

$$v = \frac{v_1}{2}$$

weiter. Dies wird mit dem in Abb. 2.41 dargestellten Versuch geprüft. Aufbau und Durchführung des Experiments erfolgen analog zum ersten Teilversuch, lediglich die Federn werden durch einen Klettverschluss ersetzt – dieser hält die beiden Wagen nach dem Stoß zusammen. Da sich die beiden Wagen nach dem Aufprall beim unelastischen Stoß mit gleicher Geschwindigkeit bewegen, reicht zur expe-rimentellen Untersuchung desselben prinzipiell ein Smartphone oder iPod touch aus. Um konstante Wagenmassen zu erreichen, bietet sich jedoch an, auch Wagen 2 mit einem Messgerät zu bestücken.

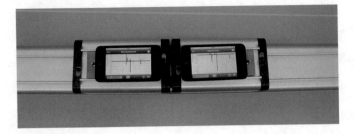

Abb. 2.41 Inelastischer Stoß

Auswertung des Experiments

Gerader, zentraler, elastischer Stoß: Beim mit der Hand angestoßenem Wagen (Wagen 1) zeigt das $a(t)$-Diagramm einen positiven und einen negativen Beschleunigungspeak (Abb. 2.42). Der erste stammt vom Anstoßen des ruhenden Wagens, der – wie eine numerische Integration mit der Software „Measure" [3] zeigt – eine Maximalgeschwindigkeit von $v_{1,max} \approx 0,53\,\mathrm{m \cdot s^{-1}}$ erreicht. Der Energieverlust durch Reibung verringert diese Geschwindigkeit auf $v_1 \approx 0,48\,\mathrm{m \cdot s^{-1}}$ unmittelbar vorm Einsetzen des Stoßes. Die Fläche zwischen dem zweiten Peak und der Zeitachse liefert den Geschwindigkeitsabbau während der Stoßphase – der Wagen kommt im Anschluss des Stoßes nahezu zur Ruhe und bewegt sich nur mit einer sehr kleinen Geschwindigkeit in entgegengesetzter Richtung ($v_1' = -0,02\,\mathrm{m \cdot s^{-1}}$). Die Beschleunigungsmessung an Wagen 2 zeigt, dass dieser beim Stoß eine Geschwindigkeit von $0,43\,\mathrm{m \cdot s^{-1}}$ aufgenommen hat, was in guter Näherung v_1 entspricht. Fast die gesamte kinetische Energie von Wagen 1 wurde

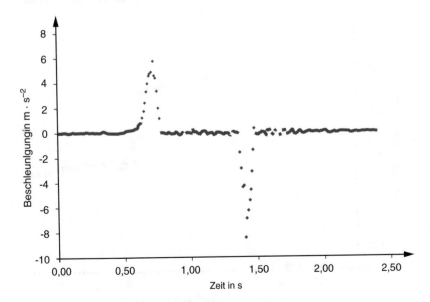

Abb. 2.42 Beschleunigungsverlauf von Wagen 1 beim elastischen Stoß

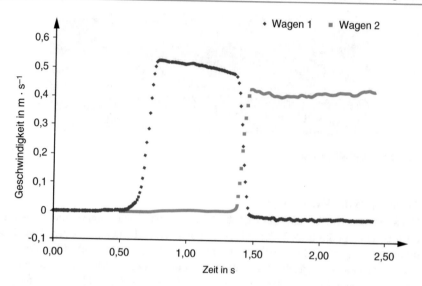

Abb. 2.43 Geschwindigkeiten beim elastischen Stoß

auf den gleich schweren gestoßenen Wagen übertragen, wodurch Impuls- und Energieerhaltungssatz bestätigt werden können (Abb. 2.43).

Gerader, zentraler, inelastischer Stoß: Der Geschwindigkeitsverlauf für Wagen 1 ist in Abb. 2.44 grafisch dargestellt. Wagen 1 wird zunächst auf $v_{1,max} = 0{,}43\,\text{m} \cdot \text{s}^{-1}$ durch Anstoßen beschleunigt und hat kurz vor dem Auftreffen auf Wagen 2 ($v_2 = 0\,\text{m} \cdot \text{s}^{-1}$) die Geschwindigkeit $v_1 = 0{,}40\,\text{m} \cdot \text{s}^{-1}$. Nach dem Zusammenstoß kommt es an dem Klettverschluss zunächst zu einer kurzen

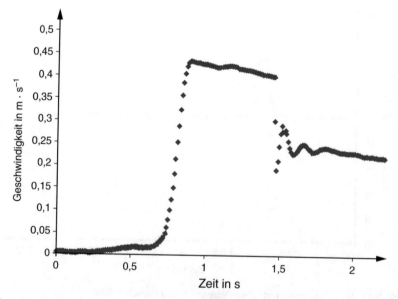

Abb. 2.44 Geschwindigkeit von Wagen 1 beim unelastischen Stoß

Oszillation, ehe sich beide Wagen mit 0,23 m · s^{-1} gemeinsam weiterbewegen. Die Geschwindigkeit von Wagen 1 wird also näherungsweise halbiert, was der theoretischen Erwartung entspricht.

2.4.2   Springende Flummis

Oliver Schwarz und Patrik Vogt

Mit den sogenannten Superbällen oder Flummis lassen sich interessante Versuche durchführen und grundlegende physikalische Zusammenhänge untersuchen. Ein Beispiel ist die Bestimmung der Erdbeschleunigung g, deren Grundidee bereits von Pape [51] oder von Sprockhoff [52] beschrieben wurde: Man ermittelt für eine vorgegebene Anzahl von Sprüngen der Kugel die Anfangs- und Endhöhe sowie die Gesamtdauer aller Sprünge. Aus diesen Werten folgt, unter Vernachlässigung der Luftreibung, näherungsweise die Gravitationsbeschleunigung. Bei der praktischen Durchführung des Experiments stellt sich jedoch schnell heraus, dass die Bestimmung der Endhöhe der Sprungfolge etwas kompliziert ist, entweder schätzt man gut oder filmt den Sprung vor einem geeigneten Maßstab. Eine wichtige Voraussetzung dieser Methode ist, dass bei jedem Einzelsprung des Balles der gleiche prozentuale Verlust an mechanischer Energie eintritt, der Restitutionskoeffizient k also gleich bleibt.

Akustische Messwerterfassung
Angeregt durch die oben zitierten Arbeiten haben wir uns bemüht, die in der Sprungfolge von Springbällen enthaltenen Informationen zur Gravitationsbeschleunigung, zum freien Fall, zum Wurf und zum Restitutionskoeffizienten möglichst effizient – also in einem Experiment – zu gewinnen. Als besonders übersichtlich stellte sich dabei der Einsatz einer akustischen Messung heraus, wie sie in [53] beschrieben wird: Nimmt man die Aufschlaggeräusche als Spannungssignale am Mikrofon über einen gewissen Zeitraum hinweg auf, dann erhält man für einen Springball einen zeitlichen Verlauf, bei dem die Aufschlaggeräusche erstaunlich scharfe Peaks ergeben, die in Abb. 2.45 dargestellt sind. Diese Peaks darf man als Zeitmarken ansehen. Die Aufnahme erfolgte mittels iPad und der App Oscilloscope [31], welche ebenfalls auf einem iPhone oder iPod touch installiert werden kann [54]. Den einfachen Versuchsaufbau zeigt die Abb. 2.46.

Man wählt eine möglichst hohe Speicherzeit (2000 ms), startet den Messvorgang und lässt den Flummi anschließend auf einen massiven, harten und horizontal ausgerichteten glatten Boden fallen, z. B. eine Steinplatte.

Der Energieverlust beim Stoß
Die Kugel führt zwischen zwei Aufschlägen einen senkrechten Wurf nach oben aus, bei dem Anfangs- und Endhöhe gleich, nämlich $h = 0$ m, sind. Daher gilt für die Steig- bzw. Fallzeit t_h der Kugel:

$$t_h = \frac{v_0}{g}. \tag{2.21}$$

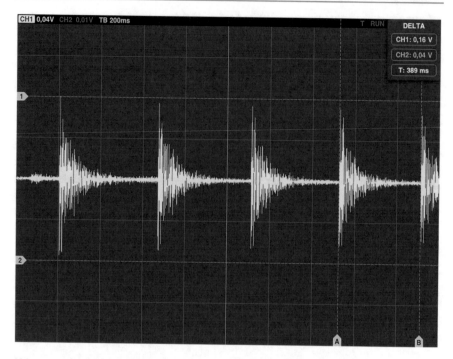

Abb. 2.45 Zeitlicher Verlauf des Schallsignals eines hüpfenden Springballs

Abb. 2.46 Versuchsaufbau zur akustischen Messwerterfassung mittels iPad

Wir messen die Zeit zwischen zwei Aufschlägen, also $\Delta t = 2t_h$. Die Start-geschwindigkeit v_0 ist auch die Geschwindigkeit, mit der die Kugel wieder am Boden anlangt. Die kinetischen Energien E_{kin1} und E_{kin2} zwischen zwei

Tab. 2.6 Ermittlung des Energieverlustes aus den Aufschlagzeiten für zwei unterschiedliche Ausgangshöhen

Ausgangshöhe in m	Aufprall	t in s	Δt in s	k
0,7	1	0,248		
	2	0,955	0,707	
	3	1,617	0,662	0,88
0,3	1	0,201		
	2	0,670	0,469	
	3	1,109	0,439	0,88
	4	1,523	0,414	0,89
	5	1,912	0,389	0,88

aufeinanderfolgenden Aufschlägen verhalten sich wie die Quadrate der Aufschlaggeschwindigkeiten, deshalb erhalten wir mit Gl. 2.21 und dem Restitutionskoeffizienten k

$$k = \frac{E_{\text{kin2}}}{E_{\text{kin1}}} \qquad (2.22)$$

insgesamt

$$k = \frac{E_{\text{kin2}}}{E_{\text{kin1}}} = \frac{v_{02}^2}{v_{01}^2} = \frac{h_2}{h_1} = \frac{t_{\text{h2}}^2}{t_{\text{h1}}^2} = \frac{\Delta t_2^2}{\Delta t_1^2}. \qquad (2.23)$$

Der Tab. 2.6 entnimmt man, dass der Restitutionskoeffizient selbst für sehr unterschiedliche Höhen (0,7 m bzw. 0,3 m) nahezu konstant bleibt. Dieser kann also insbesondere auch für die ersten drei Aufschläge bei einer Ausgangshöhe von 0,7 m als konstant angenommen werden. Da man mit der genutzten App lediglich die beiden letzten Sekunden einer Messung speichern und quantitativ auswerten kann, war es bei einer Ausganghöhe von 0,7 m nicht möglich, weitere Aufschläge zu registrieren und somit die Konstanz von k durch eine einzige Messung zu bestätigen.

Die Bestimmung der Gravitationsbeschleunigung
Für eine g-Bestimmung muss wenigstens einmal im Verlauf der Sprungfolge die maximale Höhe der Kugel zwischen zwei Aufschlägen ermittelt werden. Natürlich wählt man hierfür die leicht zu ermittelnde Starthöhe der Kugel, die für den nachfolgend betrachteten Versuch 0,7 m betrug. Die Auswertung erfolgt nach folgendem Schema (Abb. 2.47):

Sofern man anhand der eingangs geschilderten Überlegung den relativen Energieverlust k pro Aufschlag ermittelt hat und sich davon überzeugen konnte, dass dieser Wert von Sprung zu Sprung konstant bleibt, bestimmt man die maximale Steighöhe h_2 der Kugel nach dem ersten Stoß am Boden. Bezeichnet h_1 die gemessene Starthöhe, dann gilt für diese Steighöhe:

$$h_2 = k \cdot h_1. \qquad (2.24)$$

Abb. 2.47 Bestimmung der Größen Δt und h_2

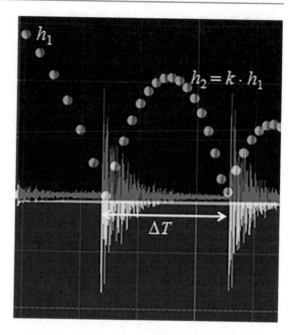

Tab. 2.7 Bestimmung der Fallbeschleunigung aus drei Aufschlagzeiten, bei einer Ausgangshöhe von jeweils 0,7 m

Aufschlagzeiten	Berechneter g-Wert in m · s^{-2}
$t_1 = 0{,}248$ s; $t_2 = 0{,}955$ s; $t_3 = 1{,}617$ s	9,82
$t_1 = 0{,}201$ s, $t_2 = 0{,}898$ s, $t_3 = 1{,}549$ s	10,06
$t_1 = 0{,}129$ s, $t_2 = 0{,}830$ s, $t_3 = 1{,}479$ s	9,77

Die Freifallzeit der Kugel von ihrer Höhe h_2 bis zum Aufschlag ist die halbe Zeit Δt zwischen zwei Aufschlägen. Aus dieser Überlegung und aus der Gl. 2.24 folgt mithilfe des Weg-Zeit-Gesetzes des freien Falls die Bestimmungsgleichung für g:

$$g = \frac{2h_2}{(0{,}5 \cdot \Delta t)^2} = \frac{2kh_1}{(0{,}5 \cdot \Delta t)^2}. \tag{2.25}$$

Die Ergebnisse dreier Messungen gleicher Starthöhe zeigt die Tab. 2.7. Insgesamt ergibt sich: Mit einem guten Sprungball kann man aus einer einmaligen Schallaufzeichnung der Aufschlaggeräusche sowohl die Gravitationsbeschleunigung g als auch den relativen Energieverlust beim Stoß ermitteln, und zwar mit einer für den Physikunterricht ausreichenden Genauigkeit.

2.4.3   Der magnetische Linearbeschleuniger

Sebastian Becker, Michael Thees und Jochen Kuhn

Lässt man eine einzelne Stahlkugel auf eine Reihe von weiteren identischen Stahlkugeln prallen, wird nach dem Stoß genau eine Kugel am gegenüberliegenden Ende abgestoßen. Im Falle eines völlig elastischen Stoßes und unter Vernachlässigung von Reibungseffekten entspricht die Geschwindigkeit der abgestoßenen Kugel der Geschwindigkeit der einfallenden stoßenden. Tauscht man jedoch die erste Kugel der ruhenden Reihe gegen eine magnetische Kugel gleichen Volumens aus, so hat die abgestoßene Kugel überraschender Weise eine weitaus höhere Geschwindigkeit als die stoßende. Auf den ersten Blick scheint dadurch der Energieerhaltungssatz verletzt zu sein. Das in diesem Abschnitt beschriebene Experiment basiert auf den Ausführungen in [55]. Der Geschwindigkeitsverlauf von stoßender und abgestoßener Kugel wird durch physikalische Videoanalyse mithilfe eines Tablet-PCs ermittelt. Aufnahme und Analyse des Videos erfolgten mit der App Viana [33], die Regressionsanalyse der Messdaten mit der App Graphical Analysis [56] (vgl. [32]). Dieser Beitrag orientiert sich an den Ausführungen in [57].

Theoretischer Hintergrund

Exemplarisch betrachten wir eine Anordnung von vier volumengleichen Kugeln, bestehend aus einer einzelnen, unmagnetisierten Stahlkugel und einer Aneinanderreihung einer einzelnen magnetischen Kugel und zwei weiteren unmagnetisierten Stahlkugeln (Abb. 2.48a). Die magnetische Kugel wird dabei als ortsfest betrachtet, und Reibungskräfte sollen im Weiteren vernachlässigt werden. Bringt man die einzelne Stahlkugel in die Nähe der magnetischen Kugel, so wird diese beschleunigt, stößt mit der magnetischen Kugel zusammen und die von der magnetischen Kugel am weitesten entfernte Stahlkugel wird von der Kugelreihe abgestoßen (Abb. 2.48b).

Das Magnetfeld einer homogen magnetisierten Kugel kann als magnetisches Dipolfeld angesehen werden (vgl. [58]). Sobald die unmagnetisierte Kugel in den Wirkungsbereich dieses Feldes gelangt, kommt es zu einer Magnetisierung der Kugel. Die Kraftwirkung auf die magnetisierte Kugel resultiert damit aus der Wechselwirkung zwischen einem permanenten und einem induzierten magnetischen Dipol wie folgt (vgl. [55]):

$$F_M(d) \approx \frac{6\mu_0 R^3 M_0^2}{\pi d^7}. \tag{2.26}$$

Dabei bezeichnen R den Radius der magnetisierten Kugel, M_0 den Betrag der Permanentmagnetisierung und d den Abstand vom Zentrum der magnetischen Kugel. Aus der Formel wird ersichtlich, dass der größte Teil der Beschleunigung in unmittelbarer Nähe der magnetischen Kugel auftritt ($F_M \sim d^{-7}$). Aus diesem Grund wird der Großteil der magnetischen Energie in Translationsenergie umgewandelt, und die Rotation der magnetisierten Kugel kann vernachlässigt werden. Nach dem Einschlag wird die kinetische Energie der stoßenden Kugel durch

a Kraftwirkung auf die stoßende Stahlkugel

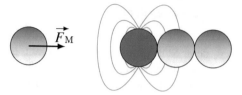

b Abstoßung von der Kugelreihe

Abb. 2.48 Stoßprozess

die Kugelreihe weitergeleitet. Die Kugelreihe ist durch die magnetische Kugel jedoch nicht homogen, das System kann damit nicht mehr als lineares System angesehen werden. In diesem Fall lässt sich die transmittierte Energie als Soliton beschreiben (vgl. [59] und [60]). Bei der Propagation des Solitons kommt es zur Dissipation, sodass nicht die gesamte kinetische Energie der stoßenden Kugel an die gegenüberliegende Kugel übertragen wird. Sobald die Energie auf die von der magnetischen Kugel am weitesten entfernte Kugel übertragen wurde, kann diese Kugel die Anziehungskraft der magnetischen Kugel aufgrund des größeren Abstandes überwinden und verlässt den Einflussbereich des Magnetfeldes mit einer höheren kinetischen Energie als die der stoßenden Kugel. Diese kinetische Energie kann mit folgender Formel abgeschätzt werden (vgl. [55]):

$$E_{kin} = (\eta_0 - 3 \cdot 0{,}024) \frac{\pi R^3 B_r^2}{36\mu_0}. \tag{2.27}$$

Dabei bezeichnen R den Radius der magnetischen Kugel, B_r deren Remanenz, η_0 den Quotienten aus kinetischer Energie der abgestoßenen Kugel und kinetischer Energie der stoßenden Kugel bei einer Reihe aus unmagnetisierten Stahlkugeln und μ_0 die magnetische Feldkonstante. Damit lässt sich eine Formel für die Geschwindigkeit der abgestoßenen Kugel angeben:

$$v = \sqrt{2(\eta_0 - 3 \cdot 0{,}024) \frac{\pi R^3 B_r^2}{36\mu_0 m}}. \tag{2.28}$$

Experimentaufbau

Um Reibungsverluste zu minimieren, rollen die Kugeln auf einem Aluminiumprofil. Um einen Rückstoß zu vermeiden, wird die magnetische Kugel mittels

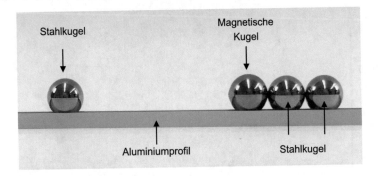

Abb. 2.49 Experimentaufbau

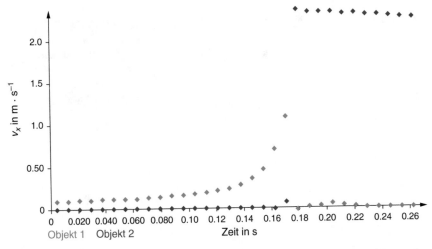

Abb. 2.50 Zeit-Geschwindigkeit-Diagramm (positive x-Richtung in Bewegungsrichtung der Kugeln, rot: stoßende Stahlkugel, blau: abgestoßene Stahlkugel)

Kitt an dem Profil befestigt. Zwei Stahlkugeln werden an die magnetische Kugel angelegt und bilden mit der magnetischen Kugel die Kugelreihe. Eine weitere Stahlkugel wird an die magnetische Stahlkugel herangeführt und losgelassen, sobald sie von der Kraftwirkung des Magnetfeldes beschleunigt wird (Abb. 2.49).

Auswertung und Diskussion
Der Stoßprozess wurde mit einem iPad mit einer Aufnahmerate von 120 Bildern pro Sekunde (120 fps) aufgenommen und mit der App Viana analysiert. Abb. 2.50 zeigt eine Bildschirmaufnahme des von der App generierten Zeit-Geschwindigkeit-Diagramms. Deutlich ist die Beschleunigung der Stahlkugel im Magnetfeld erkennbar.

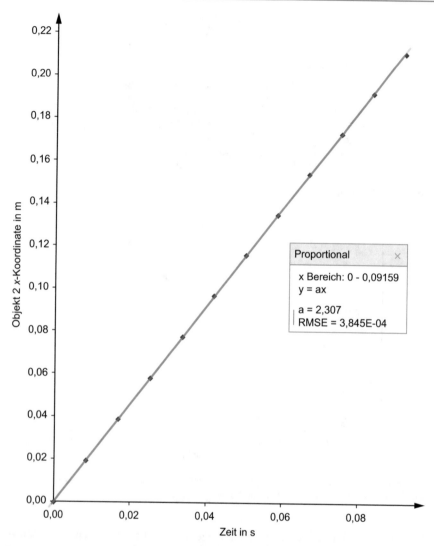

Abb. 2.51 Regressionsanalyse

Ein Wert für die Geschwindigkeit der abgestoßenen Kugel kann aus den zeit-abhängigen Positionsdaten mittels einer Regressionsanalyse ermittelt werden. Dazu wurden die Messdaten in die App Vernier Graphical Analysis [56] exportiert (Abb. 2.51). Auf diese Weise wurde ein experimenteller Wert für die Geschwindigkeit von $v_{exp} = 2{,}31$ m $\cdot$ s^{-1} ermittelt.

Unter Zuhilfenahme von Gl. 2.28 kann mit den Werten $R = 0{,}013$ m, $B_r = 1{,}22$ T, $\eta_0 = 0{,}95$ (vgl. [55]) und $m = 0{,}065$ kg der Theoriewert für die Geschwindigkeit berechnet werden. Es ergibt sich $v_{theo} = 2{,}48$ m $\cdot$ s^{-1}. Der

Vergleich der beiden Werte ergibt eine relative Abweichung von 7,4%. Eine mögliche Erklärung für den kleineren experimentellen Wert als theoretisch erwartet liegt in Reibungseffekten, die in dem zugrundeliegenden theoretischen Modell nicht berücksichtigt werden.

Mit dem beschriebenen Aufbau lässt sich kostengünstig ein magnetischer Linearbeschleuniger realisieren, der ohne großen Aufwand an beliebiger Stelle aufgebaut werden kann. Die Beobachtung des Experiments steht dabei scheinbar im Widerspruch zum grundlegenden physikalischen Konzept der Energieerhaltung. So wird beim Beobachter ein kognitiver Konflikt erzeugt, der eine vertiefte Auseinandersetzung mit diesem Konzept initiieren kann. Es wurde gezeigt, dass die physikalische Videoanalyse mit dem Tablet-PC prinzipiell geeignet ist, um den Wert für die Geschwindigkeit der abgestoßenen Kugel experimentell zu ermitteln, was die Möglichkeit der quantitativen Auswertung des Experiments eröffnet. Die Lernwirkungen eines Einsatz mobiler Medien als Experimentiermittel im Bereich Mechanik sind in [61–66] zu finden.

Literatur

1. Vogt, P., Kuhn, J., & Gareis, S. (2011). Beschleunigungssensoren von Smartphones: Beispielexperimente zum Einsatz im Physikunterricht. *Praxis der Naturwissenschaften – Physik in der Schule, 7*(60), 15–23.
2. Vogt, P., & Kuhn, J. (2013). Beschleunigungen im Alltag. *Zeitschrift für mathematischen und naturwissenschaftlichen Unterricht, 66*(4), 252.
3. Downloadmöglichkeit der Software „measure" von Phywe. https://www.phywe.de/de/top/downloads/softwaredownload.html/.
4. Meyer, L., & Schmidt, G.-D. (Hrsg.). (2005). *Basiswissen Schule Physik (CD-ROM)*. Stichwort „Beschleunigung". *Mannheim: DUDEN Verlag*. Berlin: DUDEN PAETEC Schulbuchverlag.
5. Internetenzyklopädie Wikipedia, Stichwort „Beschleunigung". http://de.wikipedia.org/wiki/Beschleunigung.
6. Vogt, P., Kasper, L., & Müller, A. (2014). Physics²Go! Neue Experimente und Fragestellungen rund um das Messwerterfassungssystem Smartphone. *PhyDid B – Didaktik der Physik - Beiträge zur DPG-Frühjahrstagung*, Frankfurt a. M. www.phydid.de.
7. Kuhn, J., Vogt, P., Wilhelm, T., & Lück, S. (2013). Smarte Physik Beschleunigungen messen mit SPARKvue. *Physik in Unserer Zeit, 44*(2), 97–98.
8. SPARKvue (kostenfrei). https://itunes.apple.com/de/app/sparkvue/id361907181.
9. Sensor Kinetics (kostenfrei). https://play.google.com/store/apps/details?id=com.innoventions.sensorkinetics.
10. Aguiar, C. E., & Pereira, M. M. (2011). Using the sound card as a timer. *The Physics Teacher, 49*, 33–35.
11. Vogt, P., Kuhn, J., & Neuschwander, D. (2014). Determining ball velocities with smartphones. *The Physics Teacher, 52*, 376–377.
12. https://itunes.apple.com/us/app/oscilloscope/id388636804.
13. Zahlreiche Schülerinnen und Schüler treiben in ihrer Freizeit ohnehin Sport und können so bequem Messwerte für den Physikunterricht erfassen.
14. Die Signifikanzprüfung wie auch die Effektstärkeberechnung erfolgte jeweils mit einer Varianzanalyse und Standardsoftware (SPSS). Effekte gelten als klein, falls $0{,}01 < \eta^2 \leq 0{,}06$, als mittelgroß falls $0{,}06 < \eta^2 \leq 0{,}14$ und als groß wenn $\eta^2 > 0{,}14$.

15. Vogt, P., & Kasper, L. (2016). Geschwindigkeitsbestimmung. Videoanalyse während einer Zugfahrt. *Praxis der Naturwissenschaften – Physik in der Schule, 5*(65), 48–49.
16. https://pixabay.com/p-257288/?no_redirect.
17. https://de.wikipedia.org/wiki/Bahnschwelle.
18. https://support.apple.com/de-de/HT204064.
19. https://de.wikipedia.org/wiki/Fahrbahnmarkierung.
20. https://de.wikipedia.org/wiki/Leitpfosten.
21. Wie genau muss der Autotacho sein? Focus online. http://bit.ly/1nnsXpc.
22. Vogt, P. (2018). Untersuchung der Tachometervoreilung mittels Navigationsgerät oder Smartphone. *Naturwissenschaften im Unterricht Physik, 163,* 49–50.
23. Vogt, P., & Kuhn, J. (2012). Analyzing free-fall with a smartphone acceleration sensor. *The Physics Teacher, 50,* 182–183.
24. Smartphone-Anwendung „Real Racing". http://itunes.apple.com/de/app/real-racing/id318366258.
25. Smartphone-Anwendung „iHandy Wasserwaage". http://itunes.apple.com/de/app/ihandy-wasserwaage/id299852753.
26. Glück, M. (2005). *MEMS in der Mikrosystemtechnik: Aufbau, Wirkprinzipien, Herstellung und Praxiseinsatz mikroelektromechanischer Schaltungen und Sensorsysteme.* Wiesbaden: Vieweg + Teubner.
27. Schriftliche Auskunft des Betreibers.
28. Schüttler, M., & Wilhelm, T. (2011). Bewegungsanalyse im Freizeitpark. *Praxis der Naturwissenschaften – Physik in der Schule, 60*(6), 18–24.
29. White, J. A., Medina, A., Román, F. L., & Velasco, S. (2007). A measurement of g listening to falling balls. *The Physics Teacher, 45,* 175–177.
30. Vogt, P. (2013). Akustische Bestimmung der Erdbeschleunigung. *Naturwissenschaften im Unterricht Physik, 138,* 43–44.
31. Oscilloscope (Osziloskop-App für iOS-Geräte). https://itunes.apple.com/de/app/oszilloskop/id388636804.
32. Becker, S., Klein, P., & Kuhn, J. (2016). Video analysis on tablet computers to investigate effects of air resistance. *The Physics Teacher, 54*(7), 440–441.
33. Viana benötigt mindestens iOS 8.1. https://goo.gl/4RWv8g.
34. Vernier Graphical Analysis benötigt mindestens iOS 8.0 oder mindestens Android 4.0. https://goo.gl/BjNtNg (für iOS) und https://goo.gl/za5euQ (für Android).
35. Root-mean-square deviation, Maß für die Güte der Regression.
36. http://arc.id.au/CannonballDrag.html.
37. Leme, J. C., Moura, C., & Costa, C. (2009). Steel Spheres and Skydiver — Terminal Velocity. *The Physics Teacher, 47*(8), 531–532.
38. Vogt, P., & Kuhn, J. (2013). Analyzing radial acceleration with a smartphone acceleration sensor. *The Physics Teacher, 51*(3), 182–183.
39. Hochberg, K., Gröber, S., Kuhn, J., & Müller, A. (2014). The spinning disc: Studying radial acceleration and its damping process with smartphones' acceleration sensor. *Physics Education, 49*(2), 137–140.
40. Monteiro, M., Cabeza, C., Marti, A., Vogt, P., & Kuhn, J. (2014). Angular velocity and centripetal acceleration relationship. *The Physics Teacher, 52*(2014), 312–313.
41. Klein, P., Müller, A., Gröber, S., Molz, A., & Kuhn, J. (2017). Rotational and frictional dynamics of the slamming of a door. *American Journal of Physics, 85*(1), 30–37.
42. Klein, P., Kuhn, J., & Müller, A. (2015). Zuschlagen einer Tür als Anwendungsbeispiel der Rotationsdynamik. *Naturwissenschaften im Unterricht Physik, 26*(145), 21–23.
43. Fahsl, C., Vogt, P., Wilhelm, T., & Kasper, L. (2015). Physics on the Road: Smartphone-Experimente im Straßenverkehr. *PhyDid B – Didaktik der Physik – Beiträge zur DPG-Frühjahrstagung,* Wuppertal 2015. www.phydid.de.
44. Fahsl, C., & Vogt, P. (2019). Determination of the radius of curves and roundabouts with a smartphone. *The Physics Teacher, 57,* 566–567.

45. https://itunes.apple.com/de/app/sensorlog/id388014573.

46. http://eur-lex.europa.eu/LexUriServ/LexUriServ.do?uri=CELEX:31975L0443:DE:HTML.

47. https://www.berlin.de/special/auto-und-motor/autotechnik/1894943-61212-tachometer-warum-es-nicht-die-wahre-gesc.html.

48. Vogt, P., & Kuhn, J. (2015). Elastische und inelastische Stöße mit den in Smartphones verbauten Beschleunigungssensoren. *Praxis der Naturwissenschaften – Physik in der Schule, 1*(64), 46–48.

49. Hering, E., Martin, R., & Stohrer, M. (1999). *Physik für Ingenieure*. Berlin: Springer.

50. https://play.google.com/store/apps/details?id=jp.daikiko.Accelogger.

51. Pape, B. V. (2000). Fallbeschleunigung mit einem hüpfenden Ball. *Praxis der Naturwissenschaften – Physik in der Schule, 49*(4), 28–32.

52. Sprockhoff, G. (1961). *Physikalische Schulversuche – Mechanik* (S. 130). München: Oldenbourg.

53. Schwarz, O., & Vogt, P. (2004). Akustische Messungen an springenden Bällen. *Praxis der Naturwissenschaften – Physik in der Schule* 53 (3), 22–25.

54. Alternativ kann zur akustischen Messwerterfassung auch ein kommerzielles Messwerterfassungssystem oder ein kostenfreier Toneditor (z. B. Audacity) zum Einsatz kommen.

55. Chemin, A., Besserve, P., Caussarieu, A., Taberlet, N., & Plihon, N. (2017). Magnetic cannon: The physics of the Gauss rifle. *American Journal of Physics, 85*(7), 495–502.

56. Vernier Graphical Analysis benötigt mindestens iOS 8.0 oder mindestens Android 4.0. Diese App ist verfügbar unter https://goo.gl/BjNtNg (für iOS) und https://goo.gl/za5euQ (für Android).

57. Becker, S., Thees, M., & Kuhn, J. (2018). The dynamics of the magnetic linear accelerator examined by video motion analysis. *The Physics Teacher, 56*(7), 484–485.

58. Jackson, J. D. (1999). *Classical Electrodynamics*. New York: Wiley.

59. Herrmann, F., & Seitz, M. (1982). How does the ball-chain work? *American Journal of Physics, 50*(11), 977–981.

60. Sen, S., & Manciu, M. (1999). Discrete Hertzian chains and solitons. *Physica A: Statistical Mechanics and its Applications, 268*(3–4), 644–649.

61. Becker, S., Klein, P., Gößling, A., & Kuhn, J. (2019). Förderung von Konzeptverständnis und Repräsentationskompetenz durch Tablet-PC-gestützte Videoanalyse: Empirische Untersuchung der Lernwirksamkeit eines digitalen Lernwerkzeugs im Mechanikunterricht der Sekundarstufe 2. *Zeitschrift für Didaktik der Naturwissenschaften, 25*(1), 1–24.

62. Hochberg, K., Kuhn, J., & Müller, A. (2018). Using Smartphones as experimental tools – effects on interest, curiosity and learning in physics education. *Journal of Science Education and Technology, 27*(5), 385–403.

63. Hochberg, K., Becker, S., Louis, M., Klein, P., & Kuhn, J. (2020). Using smartphones as experimental tools – a follow-up: Cognitive effects by video analysis and reduction of cognitive load by multiple representations. *Journal of Science Education and Technology, 29*. https://doi.org/10.1007/s10956-020-09816-w.

64. Klein, P., Kuhn, J., Müller, A., & Gröber, S. (2015). Video analysis exercises in regular introductory mechanics physics courses: Effects of conventional methods and possibilities of mobile devices. In W. Schnotz, A. Kauertz, H. Ludwig, A. Müller, & J. Pretsch (Hrsg.), *Multidisciplinary research on teaching and learning* (S. 270–288). Basingstoke, UK: Palgrave Macmillan.

65. Klein, P., Müller, A., & Kuhn, J. (2017). KiRC inventory: Assessment of representational competence in kinematics. *Physical Review Physics Education Research, 13*, 010132.

66. Klein, P., Kuhn, J., & Müller, A. (2018). Förderung von Repräsentationskompetenz und Experimentbezug in den vorlesungsbegleitenden Übungen zur Experimentalphysik – Empirische Untersuchung eines videobasierten Aufgabenformates. *Zeitschrift für Didaktik der Naturwissenschaften, 24*(1), 17–34.

Hydrostatik und Hydrodynamik

3

Patrik Vogt, Lutz Kasper und Pascal Klein

3.1 Wie ändert sich der Luftdruck mit der Höhe?

Patrik Vogt

Die Eigenschaften der untersten Atmosphärenschicht, der Troposphäre, sind für das Leben auf der Erde von größter Bedeutung. Ihre Untersuchung bis in ein Höhe von ca. 250 m ist Gegenstand des hier beschriebenenExperiments, in welchem die Abnahme des Luftdrucks mit der Höhe analysiert wird [1, 2].

Theoretischer Hintergrund
Analog zum Schweredruck einer Flüssigkeit wird auch der Schweredruck eines Gases von der über einer Bezugsfläche stehenden Gassäule bestimmt. Da Gase im Gegensatz zu Flüssigkeiten jedoch kompressibel sind, nehmen ihre Dichten mit zunehmender Höhe ab, was bei der Herleitung des Schweredrucks berücksichtigt werden muss. Unter Annahme einer konstanten Temperatur (isotherme Atmosphäre) ergibt sich die sogenannte barometrische Höhenformel zu

$$p = p_0 e^{-\left(\frac{\rho_0 \cdot g}{p_0} \cdot h\right)}$$

P. Vogt (✉)
Mainz, Deutschland
E-Mail: vogt@ilf.bildung-rp.de

L. Kasper
Schwäbisch Gmünd, Deutschland
E-Mail: lutz.kasper@ph-gmuend.de

P. Klein
Kaiserslautern, Deutschland
E-Mail: pascal.klein@uni-goettingen.de

© Springer-Verlag GmbH Deutschland, ein Teil von Springer Nature 2019
J. Kuhn und P. Vogt (Hrsg.), *Physik ganz smart*,
https://doi.org/10.1007/978-3-662-59266-3_3

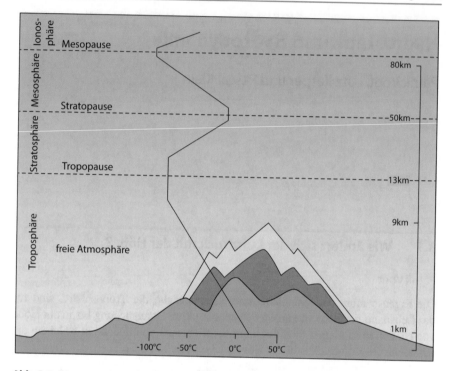

Abb. 3.1 Temperaturverlauf entsprechend der internationalen Standardatmosphäre

(p: Luftdruck in der Höhe h, p_0: Normdruck ($= 1{,}01325 \cdot 10^5$ Pa), ρ_0: Normdichte ($= 1{,}293 \, \mathrm{kg} \cdot \mathrm{m}^{-3}$), g: Erdbeschleunigung).

Da in den verschiedenen Atmosphärenschichten unterschiedliche Temperaturgradienten beobachtet werden können (Abb. 3.1), ist die Annahme einer isothermen Atmosphäre strenggenommen fehlerhaft. Entsprechend der internationalen Standardatmosphäre (ISA) liegt der mittlere Temperaturgradient für den Höhenbereich bis 11 km bei $0{,}0064 \, \mathrm{K} \cdot \mathrm{m}^{-1}$ [3]. Dieser findet in der internationalen Höhenformel Berücksichtigung, welche für den genannten Höhenbereich gilt. Sie lautet [4]:

$$p = 1{,}013 \cdot 10^5 \mathrm{Pa} \left(1 - \frac{6{,}5}{288 \, \mathrm{km}} \cdot h \right)^{5{,}255}.$$

Eine dritte Näherung erhalten wir unter der Annahme einer konstanten Luftdichte, sodass für die Modellierung der hydrostatische Druck verwendet werden kann:

$$p = p_0 - \rho_0 g h.$$

Es ist offenkundig, dass diese Beziehung nur für einen geringen Höhenbereich effizient ist, was auch aus der grafischen Gegenüberstellung der drei Modellierungen unmittelbar ersichtlich wird (Abb. 3.2). Für den im Experiment berücksichtigten Höhenbereich (bis ca. 250 m) beträgt die Abweichung zur

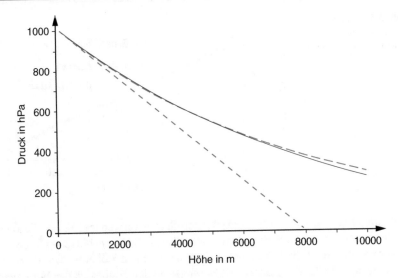

Abb. 3.2 Höhenabhängigkeit des Luftdrucks (blau: internationale Standardatmosphäre, rot: isotherme Atmosphäre, grün: konstante Luftdichte)

Abb. 3.3 Für das Experiment genutzter Quadrocopter. (© Michael Malorny Westend61 mauritius images)

internationalen Standardatmosphäre jedoch lediglich 0,2 % und damit kann die Beziehung Verwendung finden.

Versuchsdurchführung und Auswertung
Für das Experiment wurde ein Smartphone „LG, Modell G3" mittels Armband an einer Drohne „DJI Phantom 2" montiert (Abb. 3.3), der Quadrocopter bis in eine Höhe von ca. 250 m angehoben und mit näherungsweise konstanter Vertikalgeschwindigkeit wieder abgelassen.

Abb. 3.4 Darstellung der Messwerte (Nachzeichnung aus [1])

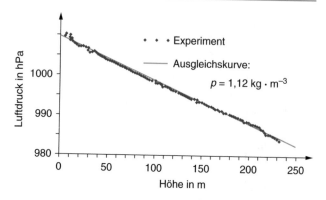

Während des Fluges wurde die App AndroSensor verwendet [5], um die Daten des Barometers bzw. GPS-Empfängers auszulesen. Das Ergebnis zeigt Abb. 3.4: Wie erwartet, nimmt die Luftdichte in dem untersuchten Höhenbereich linear mit der Höhe ab. Aus der Steigung der Regressionsgeraden ergibt sich die Normdichte zu $1{,}12\,\mathrm{kg} \cdot \mathrm{m}^{-3}$, was recht gut mit dem Literaturwert (s. o.) übereinstimmt.

Weiterführende Hinweise

- Gesetzliche Bestimmungen zur privaten Nutzung von Drohnen sind unbedingt einzuhalten (insb. ist die maximal zulässige Flughöhe zu beachten, die in Deutschland bei 100 m liegt).
- Auf die Sicherheit von Personen und Tieren ist zu achten.
- Weitere Experimente unter Verwendung von Quadrocoptern findet man in [6].

3.2 Das Smartphone in der Taucherglocke

Lutz Kasper

Mithilfe aktueller Smartphones lassen sich einfache Versuche zum hydrostatischen Druck durchführen [7]. Ausgangspunkt solcher Experimente können Überlegungen zur Funktionsweise von Taucherglocken sein. Phänomenologische Erfahrungen mit Taucherglockenversuchen bringen Lernende oft bereits aus der Unterstufe mit. Eine quantitative Anknüpfung daran ist die Frage, unter welchem Druck die Luft in einer Taucherglocke steht und wie dieser Druck von der Tauchtiefe abhängt.

Bei dem hier vorgeschlagenen Experiment handelt es sich um eine einfache offene Taucherglocke, mit deren Prinzip sich bereits Aristoteles und viel später auch Physiker wie Papin und Halley beschäftigt haben [8].

Aufbau und Durchführung

Das Smartphone wird mithilfe von Stativmaterial (Tonnenfuß und Halterung) in eine erhöhte Position gebracht und in ein größeres Wasserbecken gestellt. (Abb. 3.5, Hinweis: Das Smartphone muss sich im Anzeigemodus der gewählten Barometer-App befinden. Die Energiesparoptionen sollten so gewählt sein, dass das Display für die Zeit der Messung aktiviert bleibt und abgelesen werden kann.)

Abb. 3.5 Aufbau des Experiments „Taucherglocke"

Über diesen Aufbau wird als „Taucherglocke" ein großes Becherglas (2 l) gestülpt und mit einem weiteren Tonnenfuß von oben gegen den Auftrieb gesichert. In oder neben dem Wasserbecken wird ein Lineal angebracht, sodass die Änderungen des Wasserpegels kontrolliert werden können. Nun kann das Wasserbecken nach und nach mit Wasser gefüllt werden. Dabei ist zu beachten, dass bei Verwendung eines normalen Becherglases mit Tülle die Messungen erst dann beginnen, wenn die Luft im Becherglas tatsächlich eingeschlossen ist. Der Druck wird in regelmäßigen Abständen (z. B. pro 1 cm Änderung der Wasserhöhe im Wasserbecken) gemessen. Dem Drucksensor sollte dabei jeweils eine kurze Zeit von ein paar Sekunden zur Anpassung gegeben werden.

Beobachtung und Erklärung
Man beobachtet eine Änderung des Drucks der in der Taucherglocke eingeschlossenen Luft. Bei genauerer Betrachtung erkennt man einen linearen Zusammenhang (Abb. 3.6).

Eine weitere Beobachtung zeigt, dass mit zunehmender Wassermenge im größeren Becken auch in der Taucherglocke der Wasserpegel etwas steigt. Die Gasblase im Becherglas wird zusammengepresst. Der lineare Zusammenhang von Druck und Wasserhöhe bzw. Tauchtiefe kann einfach hergeleitet werden:

$$p = \frac{F}{A} = \frac{m_{\text{Wasser}} \cdot g}{A} = \frac{\rho_{\text{Wasser}} \cdot g \cdot V}{A} = \rho_{\text{Wasser}} \cdot g \cdot h \qquad (3.1)$$

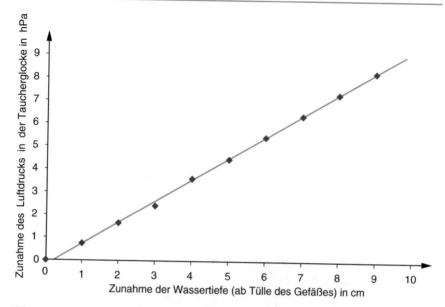

Abb. 3.6 Ergebnis einer Beispielmessung

Bei der kleinstmöglichen Tauchtiefe entspricht der Druck infolge der dann kleinstmöglichen Wassersäule gerade dem atmosphärischen Luftdruck p_{atm}. Dies kann mithilfe einer Drucksonde (Abb. 3.7) gezeigt werden. Für den absoluten Luftdruck in der Taucherglocke muss also noch folgende Ergänzung vorgenommen werden:

$$p = \rho_{\text{Wasser}} \cdot g \cdot h + p_{atm} \tag{3.2}$$

Beispielmessung

Im Messbeispiel ist der lineare Zusammenhang zwischen Druck in der Taucherglocke und der Tauchtiefe (bzw. der Pegelhöhe im Wasserbecken) sehr gut erkennbar. Der Anstieg der Regressionsgeraden beträgt mit 0,93 annähernd 1. Die Gesetzmäßigkeit, derzufolge der hydrostatische Druck pro 10 m um 1 bar zunimmt, wird bei sehr kurzer Höhendifferenz recht gut bestätigt. Für diese Messung wurde Leitungswasser mit einer niedrigeren Temperatur als Zimmertemperatur verwendet. Soll neben der Druckänderung auch die Änderung des Volumens der Luft in der Taucherglocke berücksichtigt werden, ist es besser, das Wasser einige Zeit vor dem Experiment der Leitung zu entnehmen, damit von konstanter Lufttemperatur während des Experiments ausgegangen werden kann.

Varianten und alternativer Aufbau einer Drucksonde

Bei Verwendung einer Salzlösung kann mit diesem Experiment auch die Abhängigkeit des Luftdrucks in der Taucherglocke von der Dichte der Flüssigkeit – etwa bei einem Einsatz im Meer – gezeigt werden.

Abb. 3.7 Aufbau als Drucksonde

Einen alternativen Aufbau als „Drucksonde" zeigt die Abb. 3.7. Ein Bechergefäß mit mindestens einer Öffnung am Boden wird umgekehrt auf eine Gummiunterlage gestellt. Fettet man den Rand des Gefäßes etwas und beschwert es von oben, dann ist es bei geringen Luftdruckänderungen hinreichend dicht. Bringt man in die Öffnung einen Schlauch ein und stellt ein Smartphone mit Drucksensor in das Gefäß, so kann das freie Schlauchende als Drucksonde dienen. Allerdings lässt sich diese Drucksonde mit offenem Ende nur in vertikaler Ausrichtung nach unten verwenden, und damit nicht zur Demonstration der Richtungsunabhängigkeit.

3.3 Wie windschnittig ist ein Fahrzeug?

Patrik Vogt

Es wird ein Verfahren vorgestellt, mit dem allein mittels der in Smartphones verbauten Beschleunigungssensoren der Strömungswiderstandskoeffizient (kurz c_w-Wert) eines Autos wie auch der Rollreibungskoeffizient von Reifen auf Asphalt bestimmt werden kann. Im schulischen Kontext wird die Luftreibung zwar erwähnt, im weiteren Unterrichtsverlauf – insbesondere bei quantitativen Analysen – jedoch größtenteils vernachlässigt. Motiviert durch die Tatsache, dass diese physikalische Größe wohl aufgrund ihrer schwierigen Messbarkeit an Beachtung verliert, entstand dieser Versuchsaufbau. Das prinzipielle Vorgehen, nämlich die Untersuchung von Ausrollvorgängen, ist nicht neu und wurde bereits vielfach publiziert. Zum Einsatz kamen hierbei bisher GPS-Empfänger (z. B. [9, 10]) sowie die in den Fahrzeugen verbauten Tachometern (z. B. [11, 12]). Wir möchten an dieser Stelle ein weiteres Verfahren vorschlagen, bei dem zur Bestimmung des Geschwindigkeitsverlaufs lediglich die in Smartphones verbauten Beschleunigungssensoren zum Einsatz kommen [13, 14].

Theoretischer Hintergrund

Wir betrachten ein Auto der Masse m, das zunächst auf das Tempo v_0 beschleunigt, ehe der Fahrer auskuppelt und das Auto ausrollen lässt. Während des Ausrollens wirkt auf das Auto die Luftwiderstandskraft F_L sowie die Rollreibungskraft F_R, weshalb es nach und nach an Tempo verliert. Es gilt:

$$m \cdot a = F_L + F_R = \frac{1}{2} c_w \rho A v^2 + \mu_R m g \tag{3.3}$$

$$\text{bzw. } a = \frac{1}{2} \frac{c_w \rho A}{m} v^2 + \mu_R g. \tag{3.4}$$

Trägt man für den Ausrollvorgang den Beschleunigungsbetrag a und das Geschwindigkeitsquadrat in einem Koordinatensystem gegeneinander auf, so erhält man entsprechend oben formulierter Gleichung eine Gerade der Steigung

$$k = \frac{c_w \rho A}{2m} \tag{3.5}$$

und dem Ordinatenabschnitt

$$a_0 = \mu_R g. \tag{3.6}$$

Allein die Messung des Beschleunigungsverlaufs und der Bestimmung des Tempos beim Ausrollen ermöglicht somit die Bestimmung des c_w-Werts und des Rollwiderstandskoeffizienten (Abb. 3.8).

Das Smartphone liefert direkt die Beschleunigung über der Zeit, die allerdings noch geglättet werden muss. Das Tempo muss dagegen erst durch numerisches Integrieren aus den Beschleunigungsdaten gewonnen werden.

Abb. 3.8 Theoretisch zu erwartende Abhängigkeit von Beschleunigung und Geschwindigkeitkeitsquadrat

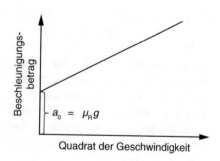

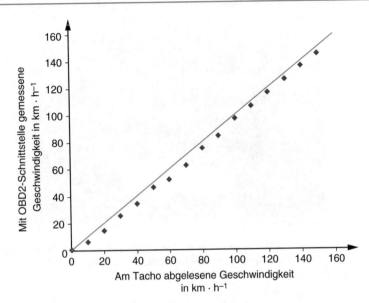

Abb. 3.9 Gegenüberstellung des mittels OBD2-Schnittstelle ([16], ausgelesen mit einem Smartphone und der App DNT OBD2 Bluetooth [17]) bestimmten Geschwindigkeitsbetrags mit der Tachometeranzeige eines Kleinwagens. Im Messbeispiel liegt der Tachovorlauf im Mittel bei 14,5 %, die eingezeichnete Linie entspricht der Winkelhalbierenden

Liest man direkt das Tempo vom Tachometer ab, muss man umgekehrt durch numerisches Differenzieren erst den Beschleunigungsbetrag aus dem Tempo ermitteln. Jedoch ist die Zahl der zu erzielenden Datenpunkte gering und der Ablesefehler des Geschwindigkeitsbetrages recht hoch. Hinzu kommt ein durch den Gesetzgeber vorgeschriebener Tachovorlauf, der laut EU-Richtlinie bis zu 10 % nach oben vom realen Wert abweichen darf, zuzüglich weiterer $4\,\mathrm{km}\cdot\mathrm{h}^{-1}$ ([15], Abschn. 2.3.4) (Abb. 3.9). Bei einem gefahrenen Tempo von $130\,\mathrm{km}\cdot\mathrm{h}^{-1}$ darf die Tachoanzeige somit bereits um $17\,\mathrm{km}\cdot\mathrm{h}^{-1}$ abweichen, was die Messergebnisse erheblich beeinflussen würde.

Bei einer Messung mittels GPS ist das Problem, dass eigentlich nur Orte gemessen werden und man sowohl das Tempo durch numerisches Differenzieren des Ortes als auch den Beschleunigungsbetrag durch numerisches Differenzieren des Tempos ermitteln muss. Hierbei ist es wichtig, den vom GPS-Gerät bzw. von der GPS-App ermittelten Geschwindigkeitsbetrag heranzuziehen, der durch interne Glättungsverfahren besser ist, als wenn man selbst aus den Orten das Tempo ermitteln würde [9].

Versuchsdurchführung
Die wirksame Fläche bei einem Fahrzeug wurde mittels Zeichenprogramm ermittelt (Abb. 3.10).

Zur Versuchsdurchführung wurde das Smartphone in horizontaler Lage hinter der Mittelkonsole derart angebracht, dass seine Längsachse und somit die *y*-Achse

Abb. 3.10 Die wirksame Fläche entspricht der Differenz aus der rot und der gelb markierten Fläche, welche mittels Zeichenprogramm ermittelt wurde. Noch exakter kann die Fläche mithilfe der Lasso-Funktion eines Zeichenprogramms bestimmt werden.

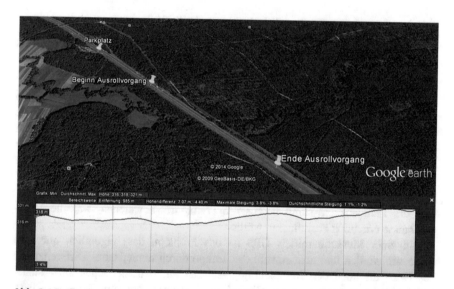

Abb. 3.11 Google-Maps-Darstellung der genutzten Teststrecke; der Autobahnparkplatz befindet sich links oben

des dreidimensionalen Beschleunigungssensors in Fahrtrichtung zeigt. Da das Auto aus dem Stand beschleunigt werden muss, bietet sich ein gerader Autobahnabschnitt an, an dessen Beginn sich ein Parkplatz oder eine Raststätte befindet (Abb. 3.11).

Ehe auf die Autobahn aufgefahren wird, wird die Beschleunigungsmessung gestartet. Hierzu eignen sich zahlreiche Apps, z. B. Accelerometer Data Pro [18]

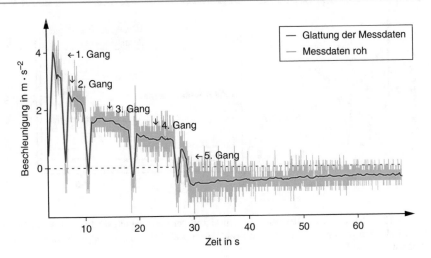

Abb. 3.12 Verlauf der Beschleunigungskomponente a_y während der gesamten Fahrt (grau: Rohwerte, blau: Glättung)

oder SPARKvue ([19, 20]). Beim Erreichen der gewünschten Höchstgeschwindigkeit (z. B. 130 km · h^{-1}) kuppelt der Fahrer aus und lässt das Auto bis zu einem Tempo von etwa 80 km · h^{-1} ausrollen[1], die Messung wird beendet. Um die eigene Sicherheit und die anderer Verkehrsteilnehmer nicht zu gefährden, ist die Messung unbedingt von einer zweiten Person und nicht vom Fahrer selbst durchzuführen!

Versuchsauswertung

Das Diagramm in Abb. 3.12 zeigt den Verlauf der relevanten Beschleunigungskomponente des gesamten Bewegungsvorgangs. Die ersten 30 s beschreiben den Beschleunigungsvorgang – man kann hier gut die Schaltvorgänge beobachten –, danach wurde ausgekuppelt und der Ausrollvorgang begann.

Integriert man den Beschleunigungsverlauf über die Zeit, so ist der Wert des Integrals zu jedem Zeitpunkt ein Maß für die entsprechende Geschwindigkeitskomponente v_y des Autos und damit auch für den Geschwindigkeitsbetrag v (Abb. 3.13).

Im Versuch ergab sich bei dem Auto eine angeströmte Querschnittsfläche von $A = (2,22 \pm 0,05)$ m^2. Die Masse des Autos betrug $m = (1430 \pm 5)$ kg und die Luftdichte $\rho = (1,20 \pm 0,05)$ kg · m^{-3}. Bei der Dichte der Luft ist zu beachten, dass

---

[1]Es wird ausdrücklich darauf hingewiesen, dass eine Verkehrsbehinderung durch Langsamfahren ohne triftigen Grund einen Verstoß gegen die StVO darstellt. Auch bei geringem Verkehrsaufkommen darf also nicht beliebig weit abgebremst werden.

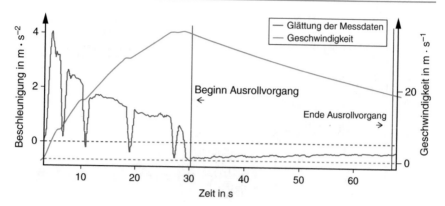

Abb. 3.13 $v_y(t)$- und $a_y(t)$-Diagramm der Autofahrt; der Geschwindigkeitsverlauf wurde durch numerische Integration mithilfe der Software „measure" [21] aus den Beschleunigungsdaten ermittelt

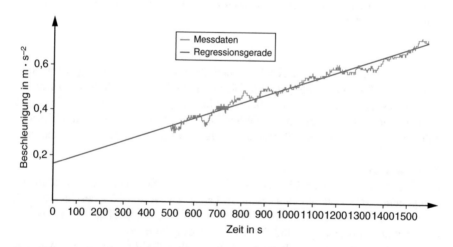

Abb. 3.14 Beschleunigungsbetrag in Abhängigkeit des Geschwindigkeitsquadrats für den Ausrollvorgang

Literaturwerte auf die gültige Höhe über dem Meeresniveau und auf die herrschende Lufttemperatur umgerechnet werden müssen.

Zur Bestimmung des Strömungswiderstandskoeffizienten c_w und des Rollreibungskoeffizienten μ_R wurde in Abb. 3.14 der Beschleunigungsbetrag gegen das Geschwindigkeitsquadrat für den Ausrollvorgang aufgetragen. Nach Durchführung einer linearen Regression können nun der Strömungswiderstands- und der Rollreibungskoeffizient unter Berücksichtigung von Gl. 3.5 bzw. Gl. 3.6

Tab. 3.1 Die aus den Ordinatenabschnitten resultierenden Rollreibungskoeffizienten inklusive der Unsicherheiten (a_0: mittels linearer Regression bestimmter Ordinatenabschnitt, Δa_0: Fehler des Ordinatenabschnittes, R^2: Bestimmtheitsmaß, μ_R: Rollreibungskoeffizient, $\Delta \mu$: Fehler des Rollreibungskoeffizienten (bestimmt mit Gauß'scher Fehlerfortpflanzung))

Messung	a_0 in m · s^{-2}	Δa_0 in m · s^{-2}	R^2	μ_R	$\Delta \mu_R$
1	0,1627	$0,9 \cdot 10^{-3}$	0,97	0,01659	$0,10 \cdot 10^{-3}$
2	0,3568	$2,2 \cdot 10^{-3}$	0,97	0,03637	$0,23 \cdot 10^{-3}$
3	0,2517	$0,8 \cdot 10^{-3}$	0,94	0,02566	$0,09 \cdot 10^{-3}$

Tab. 3.2 Bestimmung des Strömungswiderstandskoeffizienten aus der Steigung k der Regressionsgeraden für drei Messwiederholungen

Messung	k in l · m^{-1}	Δk in l · m^{-1}	c_w	Δc_w
1	$0,343 \cdot 10^{-3}$	$0,9 \cdot 10^{-6}$	0,368	0,017
2	$0,3029 \cdot 10^{-3}$	$0,13 \cdot 10^{-6}$	0,325	0,016
3	$0,2674 \cdot 10^{-3}$	$0,11 \cdot 10^{-6}$	0,287	0,013

berechnet werden. Für drei Messwiederholungen ergeben sich die in Tab. 3.1 und 3.2 dargestellten Ergebnisse.

Bildet man die gewichteten Mittel, so ergibt sich das Endergebnis zu $\mu_R = 0,02275 \pm 0,00007$ und $c_w = 0,320 \pm 0,009$.

In der Literatur wird der Rollwiderstandskoeffizient eines Autoreifens auf Asphalt mit bis zu 0,015 angegeben [22]. Die hier auftretende Abweichung nach oben kommt vermutlich dadurch zustande, dass auch die vorhandene Nabenreibung der Rollreibung zugeschrieben wurde. Der c_w-Wert wird für das im Experiment verwendete Automodell vom Hersteller mit 0,37 angegeben [23] und stimmt somit sehr gut mit dem Messergebnis überein. Beim Nachschlagen des Luftwiderstands des jeweiligen Fahrzeuges ist es wichtig, den genauen Fahrzeugtyp zu kennen, da sich innerhalb der verschiedenen Baureihen durchaus größere Unterschiede bzgl. des c_w-Wertes ergeben. Äußere Einflüsse wie Gegen- bzw. Rückenwind sowie leichte Unebenheiten in der Fahrbahn können Abweichungen verursachen.

Betrachtet man aber die Tatsache, dass lediglich ein Smartphone zur Bestimmung dieser physikalischen Größen herangezogen wurde (in der bisherigen Praxis erfolgen die c_w-Wert-Bestimmungen anhand aufwendiger Experimente in teuren Windkanälen), bewegt sich das Ergebnis erstaunlich nahe um den Literaturwert.

Zusätzlich wurden die Messungen mit einem Volkswagen T3 Bus, mit einem Feuerwehrauto als Beispiel für einen LKW und – zur Umsetzung des Experiments im Schulunterricht – mit dem Fahrrad wiederholt (Abb. 3.15). Auch hier ergeben sich, bei sonst analogem Vorgehen, reproduzierbare und mit der Literatur gut übereinstimmende Ergebnisse für den c_w-Wert (Tab. 3.3).

Abb. 3.15 Zusätzlich zum VW Beetle genutzte Fahrzeuge (oben: Volkswagen T3 Bus, unten links: Feuerwehrauto von MAN, unten rechts: Herrentourenrad)

Tab. 3.3 Versuchswiederholung mit einem VW T3 Bus, einem Feuerwehrauto und einem Herrentourenrad

Größe	Volkswagen T3 Bus	Feuerwehrauto	Fahrradfahrer
Masse m	2000 ± 5 kg	12.442 kg	$86,5 \pm 0,1$ kg
wirksame Fläche A	$3,17 \pm 0,05$ m^2	$4,90 \pm 0,05$ m^2	$0,6 \pm 0,05$ m^2
Luftdichte ρ	$1,20 \pm 0,05$ kg $\cdot$ m^{-3}	$1,20 \pm 0,05$ kg $\cdot$ m^{-3}	$1,20 \pm 0,05$ kg $\cdot$ m^{-3}
Literaturwerte			
μ_R (Reifen auf Asphalt)	0,01 [24]	0,006–0,020 [22]	0,0022–0,005 [25]
c_w-Wert	0,51 [26]	0,8–1,5 [28]	1,0 [27]
Experimentelle Ergebnisse			
μ_R (Reifen auf Asphalt)	$0,0035 \pm 0,0006$	$0,0170 \pm 0,0004$	$0,02618 \pm 0,00021$
c_w-Wert	$0,501 \pm 0,023$	$1,49 \pm 0,07$	$1,12 \pm 0,07$

3.4   Wenn's flüssig wird: Physik am Wasserhahn

Pascal Klein

Bei genauer Beobachtung eines Wasserstrahls, der dem Einfluss der Schwerkraft ausgesetzt ist, fällt auf, dass sich der Querschnitt des Strahls mit zunehmender Fallstrecke verjüngt. Dieses Phänomen tritt zum Beispiel auf, wenn Wasserstrahlen aus Brunnendüsen Richtung Boden gespritzt werden oder wenn Wasser aus einem Wasserhahn oder aus einem Strohhalm läuft. In diesem Experiment untersuchen wir die Strahlverjüngung qualitativ und quantitativ mittels Videoanalyse von Bewegungen. Dabei wird die Applikation Viana [29] genutzt, die auf iOS-Systemen läuft und die Version 8.1 oder höher benötigt.

Theoretische Grundlagen

Eine Wasserströmung, die als annähernd laminar und reibungsfrei angenommen werden kann, gehorcht der Kontinuitätsgleichung, d. h., es gilt:

$$A \cdot v = \text{konst.}, \tag{3.7}$$

wobei A der Querschnitt und v die Fließgeschwindigkeit des Wasserstrahls beschreiben. Diese Formel wird in Lehrbüchern oft benutzt, um Änderungen in der Fließgeschwindigkeit von Strömungen zu beschreiben, die aus der Verengung von Rohren resultieren. Bei diesem Experiment ist es genau umgekehrt: Der fließende Wasserstrahl wird nicht von einem Rohr oder einer anderen begrenzenden Geometrie eingeschränkt, d. h., sein Querschnitt kann sich aufgrund einer Geschwindigkeitsänderung verändern. Befindet sich der Wasserstrahl im freien Fall, so hängt seine Geschwindigkeit von der durchlaufenen Fallstrecke ab, sodass Gl. 3.7 auch geschrieben werden kann als:

$$A(h) \cdot v(h) = \text{konst.} \tag{3.8}$$

Da die Fließgeschwindigkeit v aufgrund der Erdbeschleunigung mit zunehmender Fallstrecke zunimmt, muss der Strahlquerschnitt kleiner werden. Für $h_2 > h_1$ gilt demnach

$$A(h_2) = A(h_1) \frac{v(h_1)}{v(h_2)}, \text{ mit } v(h_2) > v(h_1). \tag{3.9}$$

Zur Herleitung der $A(h)$-Funktion wird der Energieerhaltungssatz für die Fallstrecke $h = 0$ mit Anfangsgeschwindigkeit v_0 und die Fallstrecke h angewendet:

$$\frac{1}{2}v_0^2 = \frac{1}{2}v^2(h) - gh. \tag{3.10}$$

Mit dieser Notation wird Gl. 3.8 zu

$$A(h)v(h) = A_0 v_0 \tag{3.11}$$

und Auflösen nach $A(h)$ sowie Einsetzen von $v(h)$ aus Gl. 3.10 ergibt

$$A(h) = \frac{A_0 v_0}{\sqrt{2gh + v_0^2}} \tag{3.12}$$

Abb. 3.16 Strahlverjüngung
am Wasserhahn

Damit wird ersichtlich, gemäß welchem funktionalem Zusammenhang der Strahlquerschnitt mit zunehmender Höhe abnimmt.

Durchführung des Experiments

Das Smartphone oder der Tablet-PC nimmt den Wasserstrahl auf, der aus einem Wasserhahn Richtung Boden läuft. Die Videoaufnahme muss nicht länger als wenige Sekunden betragen, da in diesem speziellen Fall keine Bewegung eines Objekts, sondern vielmehr die Form des Wasserstrahls anhand eines unveränderlichen Bildes ausgewertet wird. Bevor die Aufnahme gestartet wird, sollte sichergestellt werden, dass schon mit dem Auge eine Strahlverjüngung zu erkennen ist (Abb. 3.16).

Messung der Strahlverjüngung

Gemessen wird der Strahldurchmesser d für verschiedene Orte entlang der Fallstrecke. Dafür ist es zielführend, eine Koordinatenachse deckungsgleich mit einer Seite des Wasserstrahls zu positionieren und den Durchmesser durch Markieren der anderen Seite des Wasserstrahls zu bestimmen. Es ist möglich, dass sich beide Seiten des Wasserstrahls für diese Auswertung nicht eignen, z. B. wenn beide Seiten stark gekrümmt sind und sich nicht in Deckung mit einer Achse bringen lassen. In diesem Fall bietet es sich an, eine Koordinatenachse neben den Wasserstrahl in Fallrichtung zu positionieren und für jeden Messwert zwei Punkte zu

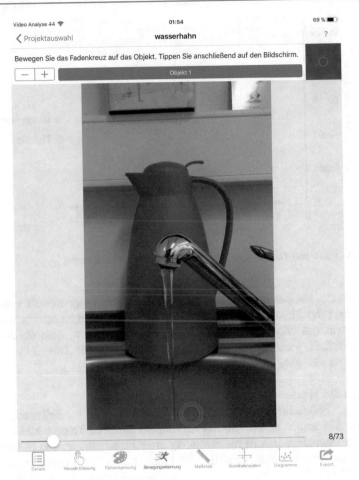

Abb. 3.17 Messen der Strahlverjüngung

markieren, die auf einer Horizontalen liegen und die seitliche Begrenzung des Wasserstrahls definieren. Aus den Positionskoordinaten kann so auf den Strahldurchmesser geschlossen werden. Abb. 3.17 demonstriert den Messvorgang exemplarisch für fünf Punkte.

Auswertung

Die Messwertpaare (Fallstrecke, Strahldurchmesser) sind in Abb. 3.18 zusammen mit den theoretischen Daten dargestellt. Letztere ergeben sich aus Gleichung Gl. 3.12, indem der Strahlquerschnitt gemäß

$$A = \frac{\pi d^2}{4} \tag{3.13}$$

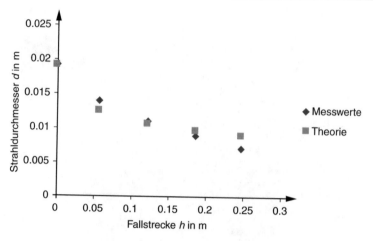

Abb. 3.18 Mess- und Theoriewerte zur Strahlverjüngung am Wasserhahn

in eine Formel zur Bestimmung des Strahldurchmessers umgewandelt wurde. Zur Bestimmung der Theoriewerte wurde d_0, also der Strahldurchmesser, unmittelbar nach Austritt des Wasserhahns zu 1,92 cm bestimmt und v_0, also die Austritts-geschwindigkeit, parametrisch auf $0,5\,\mathrm{m}\cdot\mathrm{s}^{-1}$ festgelegt. Die Theorie- und Mess-werte zeigen eine gute Übereinstimmung.

Abreißen des Wasserstrahls
Es kann gut beobachtet werden, dass das Wasser bei zu großer Fallstrecke keinen zusammenhängenden Strahl mehr bildet, sondern dass sich Tropfen bilden. Bei zu hohen Geschwindigkeiten ist die Strömung nicht mehr laminar, und es kommt zu Turbulenzen. Hinzu kommt, dass der Strahlquerschnitt nicht beliebig klein werden kann – die Oberflächenspannung einzelner Wasserteilchen führt zu einem Abriss des Strahls, und es kommt folglich zur Tröpfchenbildung.

Zusammenfassung Dieses Experiment macht auf ein Phänomen aufmerksam, das im Alltag häufig vorkommt, nämlich die Verjüngung eines Wasserstrahls mit zunehmender Fallstrecke. Mithilfe der Kontinuitätsgleichung ist es gelungen, eine geschlossene analytische Form für die Abhängigkeit des Strahlquerschnitts von der Fallstrecke herzuleiten. Durch Beobachtung und Videografie von Wasser, das aus einem geöffneten Wasserhahn fließt, konnten Messdaten zu diesem Phänomen entnommen werden, die eine gute Passung zum theoretischen Modell aufweisen. Damit wurde die Videoanalyse für ein eher untypisches Experiment zur Fluid-mechanik genutzt und auf eine Bildanalyse zurückgegriffen. Dies ist nur eines von vielen Beispielen, bei denen die Videoanalyse zur Auswertung statischer Bilder verwendet werden kann.

Literatur

1. Monteiro, M., Vogt, P., Stari, C., Cabeza, C., & Marti, A. C. (2016). Exploring the atmosphere using smartphones and quadcopters. *The Physics Teacher, 54,* 308–309.
2. Monteiro, M., Vogt, P., Stari, C., Cabeza, C., & Marti, A. C. (2016). Untersuchung der Atmosphäre mithilfe von Smartphones. *Naturwissenschaften im Unterricht Physik, 153*(154), 81–82.
3. https://de.wikipedia.org/wiki/Normatmosphäre.
4. Hering, E., Martin, R., & Stohrer, M. (2007). *Physik für Ingenieure* (10. Aufl.). Berlin: Springer.
5. https://play.google.com/store/apps/details?id=com.fivasim.androsensor&hl=de.
6. Monteiro, M., Stari, C., Cabeza, C., & Marti, A. C. (2015). Analyzing the flight of a quadcopter using a smartphone. http://arxiv.org/abs/1511.05916.
7. Macchia, S. (2016). Analyzing Stevin's law with the smartphone barometer. *The Physics Teacher, 54,* 373.
8. Kasper, L., & Vogt, P. (2017). Das Smartphone in der Taucherglocke: Untersuchung des hydrostatischen Drucks. *Naturwissenschaften im Unterricht Physik, 158,* 49–50.
9. Braun, M., & Wilhelm, T. (2008). Das GPS-System im Unterricht. *Praxis der Naturwissenschaften – Physik in der Schule, 57*(4), 20–27.
10. Ehlers, C., & Backhaus, U. (2006). Analyse von Alltagsbewegungen mit GPS. CD zur Frühjahrstagung des Fachverbandes Didaktik der Physik in der Deutschen Physikalischen Gesellschaft, Physikertagung Kassel.
11. Kwasnoski, J., & Murphy, R. (1985). Determining the aerodynamic drag coefficient of an automobile. *American Journal of Physics, 53,* 776.
12. Ross, M., & DeCicco, J. (1994). Measuring the energy drain on your car. *Scientific American, 271*(6), 112–115.
13. Fahsl, C., & Vogt, P. (2018). Determination the drag resistance coefficients of different vehicles. *The Physics Teacher, 56,* 324–325.
14. Fahsl, C., Vogt, P., Wilhelm, T., & Kasper, L. (2015). Physics on the Road: Smartphone-Experimente im Straßenverkehr. *PhyDid B – Didaktik der Physik – Beiträge zur DPG-Frühjahrstagung,* Wuppertal. www.phydid.de.
15. Wie genau muss der Autotacho sein? In: Focus online. http://www.focus.de/auto/ratgeber/auto-abc/auto-wie-genau-muss-der-autotacho-sein_aid_888296.html.
16. Für den Versuch wurde die Schnittstelle „OBD2 Bluetooth" der Firma dnt verwendet. http://www.dnt.de/OBD2-Bluetooth.2.html.
17. Die genutzte OBD2-Schnittstelle wurde mit der App „DNT OBD2 Bluetooth" ausgelesen. https://itunes.apple.com/PL/app/id687833172.
18. Downloadmöglichkeit der App Accelerometer Date Pro. https://itunes.apple.com/de/app/accelerometer-data-pro/id308757921.
19. Downloadmöglichkeit der App „SPARKvue" für iOS. https://itunes.apple.com/de/app/spark-vue-hd/id552527324.
20. Downloadmöglichkeit der App „SPARKvue" für Android. https://play.google.com/store/apps/details?id=com.isbx.pasco.Spark&hl=de.
21. Downloadmöglichkeit der Software „measure" von Phywe. https://www.phywe.de/de/top/downloads/softwaredownload.html/.
22. Wikipedia, Internetenzyklopädie. (2014). Stichwort: „Rollwiderstand". http://de.wikipedia.org/wiki/Rollwiderstand.
23. Volkswagen. (2011). Runde Sache. http://www.volkswagen.de/content/medialib/vwd4/de/dialog/testberichte/beetle_testberichte/beetle_ams_test_rundesache242011/_jcr_content/renditions/rendition.download_attachment.file/beetle_ams2411_070.pdf (Stand: 5/2015).
24. Stöcker, H. (2010). *Taschenbuch der Physik.* Frankfurt a. M.: Harri Deutsch Verlag.
25. BikeTech review. (2010). http://www.biketechreview.com/tires/images/AFM_tire_testing_rev8.pdf.

26. VW Bus Forum. (2014). http://www.vwbus-online.org/forum/board_entry.php?id=426547&page=0&order=time&category=0.
27. Wilson, D. G. (2004). *Bicycling Science*. Cambridge: The Mit Press.
28. Joachim Herz Stiftung. Internetportal Leifi-Physik. http://www.leifiphysik.de/themenbereiche/reibung-und-fortbewegung/luftwiderstand.
29. https://apps.apple.com/de/app/viana-videoanalyse/id1031084428.

Mechanische Schwingungen und Wellen

4

Jochen Kuhn, Sebastian Becker, Nils Cullmann, Stefan Küchemann, Eva Rexigel und Michael Thees

4.1 Mathematisches Pendel

Stefan Küchemann und Jochen Kuhn

In diesem Abschnitt wird der Beschleunigungssensor eines Smartphones genutzt, um die Radial- und Tangentialbeschleunigung eines Pendels zu messen. Das Smartphone wird in diesem Experiment an zwei dünnen Fäden aufgehängt und so als Pendel verwendet. Im Ergebnis wird der Einfluss von Zentrifugal- und Erdbeschleunigung auf die Radialbeschleunigung und der Zusammenhang zwischen Amplitude und Tangentialbeschleunigung deutlich. Darüber hinaus wird beim Vergleich des theoretischen Wertes der Schwingungsperiode aus der Kleinwinkelnäherung mit der Periode der Beschleunigung ersichtlich, wie sich der gemessene

J. Kuhn (✉) · S. Becker · N. Cullmann · S. Küchemann · E. Rexigel · M. Thees
Kaiserslautern, Deutschland
E-Mail: kuhn@physik.uni-kl.de

S. Becker
E-Mail: s.becker@physik.uni-kl.de

N. Cullmann
E-Mail: ncullman@rhrk.uni-kl.de

S. Küchemann
E-Mail: s.kuechemann@physik.uni-kl.de

E. Rexigel
E-Mail: rexigel@rhrk.uni-kl.de

M. Thees
E-Mail: theesm@physik.uni-kl.de

Wert dem theoretischen Wert bei kleinen Amplituden annähert. Dieser Abschnitt orientiert sich an [1].

Theoretischer Hintergrund

Die negative Radialbeschleunigung $\vec{a}_R$ eines Pendels ergibt sich aus der Summe von Erdbeschleunigung $\vec{g}$ und Zentrifugalbeschleunigung $\vec{a}_{Zf}$:

$$\vec{a}_R = \vec{g} + \vec{a}_{Zf}. \tag{4.1}$$

Die Pendelschwingung ist eine partielle Kreisbewegung, in der die Zentrifugal-beschleunigung nach außen gerichtet ist. In dem hier vorgestellten Experiment zeigt sie in negative y-Richtung, daher wird die Beschreibung hier auf die y-Komponente beschränkt. Die y-Komponente der gemessenen Beschleunigung und damit die negative Radialbeschleunigung ergibt sich aus

$$a_y = -g \cdot \cos\alpha - \omega^2 \cdot L. \tag{4.2}$$

Dabei bezeichnen g die Erdbeschleunigung, α den Auslenkungswinkel des Pendels (siehe Abb. 4.1b), ω die Winkelgeschwindigkeit der partiellen Kreisbewegung, die sich während der Schwingung kontinuierlich ändert, und L die effektive Länge des Pendels (gemessen von der Aufhängung zum Beschleunigungssensor, Abb. 4.1a). Der Term $\omega^2 \cdot L$ resultiert aus der Zentrifugalbeschleunigung $\vec{a}_{Zf} = \vec{\omega} \times (\vec{r} \times \vec{\omega})$ aufgrund der Orthogonalität des Abstandsvektors $\vec{r}$ (für den $|\vec{r}| = L$ gilt) und der Winkelgeschwindigkeit $\vec{\omega}$. Die Erdbeschleunigung zeigt senkrecht auf die Erd-oberfläche und besitzt daher je nach Position des Pendels Komponenten in y- als auch in z-Richtung. Daher ergibt sich die z-Komponente der gemessenen Beschleunigung zu

$$a_z = -g \cdot \sin\alpha. \tag{4.3}$$

Die x-Komponente des Beschleunigungssensors im Smartphone zeigt in diesem Experiment senkrecht zur Schwingungsrichtung und zur Radialbeschleunigung und bleibt daher während der Schwingung gleich null. Daher beschränkt sich die-ser Abschnitt nur auf die y- und die z-Komponente des Beschleunigungssensors. Abgesehen davon lässt sich für kleine Auslenkungswinkel die Schwingungs-periode durch die Gleichung

$$T \approx 2\pi \sqrt{\frac{L}{g}} \tag{4.4}$$

nähern. Diese theoretische Vorhersage wird in der Auswertung mit der gemessenen Schwingungsperiode aus den Beschleunigungswerten verglichen.

Experimentaufbau

Das Smartphone wurde mit zwei Bändern an einer horizontalen Stange befestigt (siehe Abb. 4.1a). Es wurden zwei Bänder verwendet, um Torsionsschwingungen

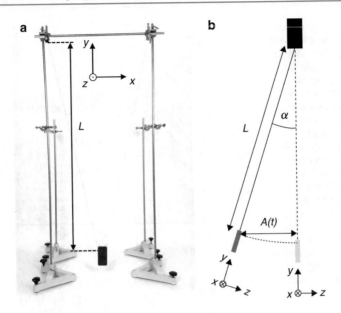

Abb. 4.1 Aufbau eines einfachen Pendels. (**a**) Das Smartphone wurde an zwei Bändern in einem vertikalen Abstand von $L=1{,}26$ m aufgehängt. (**b**) Seitliche schematische Ansicht des Aufbaus. Durch die Bewegung des Beschleunigungssensors ändert sich auch die Lage des Koordinatensystems, bei dem die y-Achse immer in Richtung der Aufhängung zeigt. In der Ruheposition des Pendels spannen die x- und die z-Achse eine horizontale Ebene auf, in der die z-Achse in Schwingungsrichtung zeigt

(Rotationsschwingungen um die y-Achse des Smartphones) zu reduzieren. Der vertikale Abstand des Beschleunigungssensors zur Aufhängung beträgt $L=1{,}26$ m. In diesen Messungen wurde ein iPhone 5S verwendet. Die genaue Lage des Beschleunigungssensors wurde für dieses Smartphone Model in Abschn. 2.3.1 gezeigt. Der Beschleunigungssensor des Smartphones kann beispielsweise mit der kostenfreien App SPARKvue (für iPhones oder iPod touch) oder Accelogger (Android) ausgelesen werden. Dieses Programm wird nun gestartet. Danach wird das Pendel ausgelenkt und die freie Schwingung aufgezeichnet.

Auswertung und Diskussion
Abb. 4.2a zeigt die Änderung der y-Komponente der Beschleunigung als Funktion der Zeit. Es wird deutlich, dass diese Beschleunigungskomponente um den Wert der Erdbeschleunigung von $g=9{,}81$ m $\cdot$ s^{-2} schwingt. Diese Schwingung ist allerdings nicht symmetrisch, was auf Unterschiede in den Bedingungen für ein Maximum und ein Minimum zurückzuführen ist. Gemäß Gl. 4.2 ergeben sich die Minima der Oszillation, wenn der Auslenkungswinkel $\alpha=0$ und die Winkelgeschwindigkeit ω maximal ist. Diese Bedingungen sind genau in der Ruheposition erreicht, d. h., jedes Mal, wenn das Smartphone durch die Ruheposition

Abb. 4.2 Änderung der Beschleunigung während einer freien Schwingung. (a) y-Komponente der Beschleunigung als Funktion der Zeit. Die durchgezogene Linie zeigt an, dass diese Beschleunigungskomponente um den Wert der Erdbeschleunigung $g = 9.81\,\mathrm{m}\cdot\mathrm{s}^{-2}$ schwingt. Die Vergrößerung des Graphen zeigt zehn Schwingungsperioden. (b) Beschleunigung in z-Richtung als Funktion der Zeit. Die Vergrößerung des Graphen zeigt fünf Schwingungsperioden

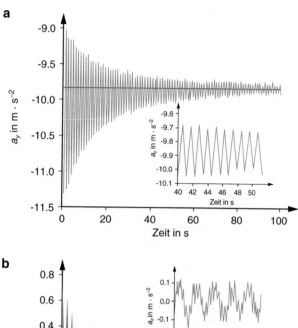

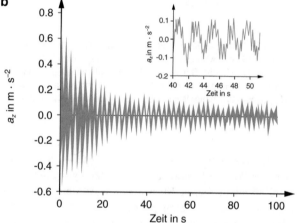

schwingt, erreicht die y-Komponente der Beschleunigung in Abb. 4.2a ein Minimum. Die Maxima in dieser Abbildung ergeben sich, wenn der Winkel α am stärksten ausgelenkt ist und die Winkelgeschwindigkeit ω verschwindet. Dieser Fall tritt genau am Umkehrpunkt auf, an dem die Gesamtenergie gleich der potentiellen Energie ist. Eine Periode der y-Komponente der Beschleunigung, beispielsweise von einem Maximum zum nächsten Maximum, entspricht also der Bewegung von einer Ruheposition zur nächsten und damit einer halben Periode des Ortes (bzw. des Auslenkungswinkels).

Abb. 4.2b zeigt das zeitliche Abklingen der Oszillation der Beschleunigung in z-Richtung. Wie oben angemerkt, zeigt die z-Komponente in Schwingungsrichtung. Sie ist proportional zum Sinus des Auslenkungswinkels und damit maximal an den Umkehrpunkten und in der Ruheposition gleich null. Somit entsprechen eine Periode der z-Komponente der Beschleunigung genau einer Periode des Auslenkungswinkels und zwei Perioden der y-Komponente der

Abb. 4.3 Änderung der Periodendauer als Funktion der Zeit

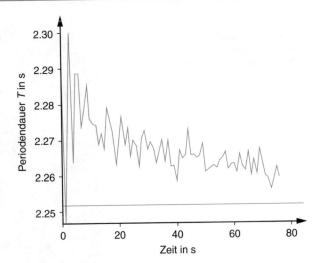

Beschleunigung. Letzterer Zusammenhang wird deutlich beim Vergleich der Vergrößerung des Graphenausschnitts in Abb. 4.2a mit dem Ausschnitt in Abb. 4.2b. Der Ausschnitt der y-Komponente in Abb. 4.2a zeigt zehn Perioden, wobei die z-Komponente in der Vergrößerung in Abb. 4.2b bei gleicher Skalierung der Zeitachse nur fünf Oszillationen ausführt.

Im letzten Teil dieses Abschnittes wurde die Schwingungsperiode aus der Position der Maxima in Abb. 4.2a bestimmt. Zur Bestimmung der Periode wurde jeweils der Abstand zwischen einem Maximum und dem übernächsten Maximum ausgewertet. Abb. 4.3 zeigt, wie sich die gemessene Periodendauer bei kleiner werdender Amplitude immer mehr der theoretischen Vorhersage (blaue Linie) aus Gl. 4.4 annähert, aber noch nicht vollständig erreicht.

4.2 Federpendel

Stefan Küchemann und Jochen Kuhn

In diesem Abschnitt wird das Smartphone als ein Federpendel benutzt. Das Federpendel gilt als klassisches Beispiel eines harmonischen Oszillators, dessen freie gedämpfte Schwingung hier beschrieben werden soll. Neben dem logarithmischen Dekrement der Schwingung aus der Abnahme der Amplitude mit der Zeit wird insbesondere die Federkonstante auf zwei verschiedene Weisen bestimmt. Dabei findet die ermittelte Federkonstante aus der dynamischen Messung mit der aus einer statischen Messung eine sehr gute Übereinstimmung.

Theoretischer Hintergrund
Dieser Abschnitt orientiert sich an [2]. Der freie gedämpfte harmonische Oszillator wird durch die homogene Differentialgleichung 2. Ordnung beschrieben:

$$\ddot{x} + 2\gamma\dot{x} + \omega_0^2 x = 0. \tag{4.5}$$

Abb. 4.4 Messaufbau
bei dem ein Smartphone
über ein Band an einer
Schraubenfeder aufgehängt
wurde

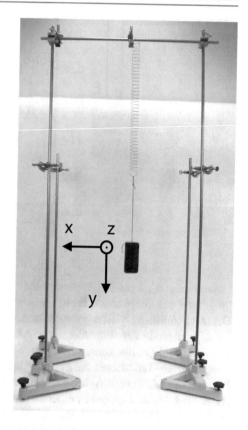

Dabei bezeichnet x die Auslenkung aus der Gleichgewichtslage, γ ist die Dämpfungskonstante und ω_0 steht für die Eigenfrequenz der ungedämpften Schwingung. Diese Gleichung kann durch die spezielle Lösung

$$x(t) = A \cdot e^{-\gamma t} \cos(\omega t) \tag{4.6}$$

mit $\omega^2 = \omega_0^2 - \gamma^2$ und den Anfangsbedingungen $x(0) = A$ und $\dot{x}(0) = -A\gamma$ gelöst werden. In der Relation zwischen der gedämpften Resonanzfrequenz ω mit ω_0 und γ wird deutlich, dass die Dämpfung die Resonanzfrequenz des Systems erniedrigt. In dem Experiment wird während der Schwingung ausschließlich der Beschleunigungssensor ausgelesen; die Information über den Ort als Funktion der Zeit steht daher nicht zur Verfügung. Die gemessene Beschleunigung a_y (diese zeigt in Richtung der y-Achse, siehe Abb. 4.4) ergibt sich aus der Erdbeschleunigung g und der resultierenden Beschleunigung $-\ddot{x}(t)$ der Rückstellkraft der Feder:

$$a_y(t) = g - \ddot{x}(t). \tag{4.7}$$

Das negative Vorzeichen resultiert daher, dass hier nicht direkt die Rückstellbe-
schleunigung, sondern nur die daraus resultierende Beschleunigung gemessen
wird.
Die Periodendauer T eines gedämpften harmonischen Oszillators ergibt sich aus

$$T = \frac{2\pi}{\omega} = \frac{2\pi}{\sqrt{\omega_0^2 - \gamma^2}} = \frac{2\pi}{\sqrt{\frac{D}{m} - \gamma^2}}, \tag{4.8}$$

mit der Federkonstanten D und der Pendelmasse m. Aus Gl. 4.8 lässt sich demnach bei Kenntnis der Periodendauer, der Masse und der Dämpfungskonstanten
die Federkonstante für einen harmonischen Oszillator berechnen.
Im Gegensatz zu dieser dynamischen Beschreibung während des Schwingungs-
vorgangs wird für den statischen Fall, bei dem verschiedene Massen m an die
Feder gehängt werden und die Dehnung x der Feder in der Ruhelage gemessen
wird, keine Dämpfung berücksichtigt. Demnach ergibt sich die Federkonstante aus
dem Gleichgewicht der Rückstellkraft der Feder Dx und der Gewichtskraft mg:

$$D = \frac{mg}{x}. \tag{4.9}$$

Die Dehnung der Feder und die Erdbeschleunigung sind hier gleichgerichtet und
daher ergibt sich ein positives Vorzeichen.

Experimentaufbau
Für diese Messung wird der Beschleunigungssensor des Smartphones benutzt,
welcher beispielsweise mit der kostenfreien App SPARKvue (für iPhones oder
iPod touch) oder Accelogger (Android) ausgelesen werden kann. Der Aufbau ist in
Abb. 4.4 dargestellt. Das Smartphone wurde mit einer Schnur an einer Schraubenfeder befestigt, welche mithilfe einer Schraube an einer Querstange arretiert wird.
Die y-Achse zeigt dabei in Richtung der Erdbeschleunigung. Um die Schwingung
zu starten, wird zusätzlich mit einem weiteren Faden ein Gewicht an das Smartphone gehängt, welches dazu dient, das Smartphone ausschließlich in y-Richtung
auszulenken und jegliche Kopplung mit Schwingungen in x- und z-Richtung zu
reduzieren. Dabei ist es wichtig, darauf zu achten, dass das Gewicht nicht den
Boden berührt. Sobald das System zur Ruhe gekommen ist, wird die Messung
in der App gestartet und danach wiederum 10 s gewartet, um leichte Schwingungen durch das Berühren des Smartphones abklingen zu lassen. Danach wird der
Faden zwischen dem Smartphone und dem zusätzlichen Gewicht vorsichtig durch-
geschnitten und somit das Experiment gestartet.

Auswertung und Diskussion
Die Beschleunigung in Richtung der y-Achse ist in Abb. 4.5 dargestellt. Das
Experiment umfasst ungefähr 200 Schwingungen. Es wird deutlich, dass die
Beschleunigung um den Wert der Erdbeschleunigung $g = 9.81\,\mathrm{m \cdot s^{-2}}$ schwingt.
Ein Maximum von a_y ergibt sich immer dann, wenn die der Rückstellkraft der
Feder entgegenwirkende Beschleunigung $-\ddot{x}$ maximal und in Richtung der Erd-
beschleunigung zeigt. Dieser Fall tritt bei der maximalen Dehnung der Feder, also

Abb. 4.5 Beschleunigung in y-Richtung als Funktion der Zeit. Der Ausschnitt zeigt eine Vergrößerung der Schwingung

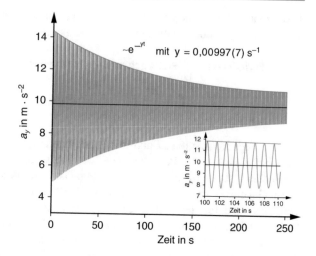

Abb. 4.6 Für die statischen Messung wurde die Dehnung der Feder für verschiedene Gewichte der Masse m notiert

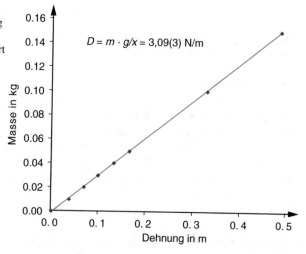

am tiefsten Punkt auf. Entsprechend entsteht ein Minimum in a_y, sobald $-\ddot{x}$ der Erdbeschleunigung entgegen gerichtet ist. Das ist am höchsten Punkt, also wenn die Feder am wenigsten gedehnt ist, der Fall. Abgesehen davon ist die Dämpfung der Schwingung deutlich erkennbar: Die Maxima von a_y beschreiben einen exponentiellen Abfall $\sim e^{-\gamma t}$ mit der Dämpfungskonstanten $\gamma = 0{,}00997(7)\,\text{s}^{-1}$.

Abb. 4.6 zeigt die eine statische Messung der Masse m als Funktion der Dehnung der Feder. Daraus ergibt sich eine Federkonstante von $D = 3{,}09\,\text{N} \cdot \text{m}^{-1}$ mit einem Fehler von 1 %. Für die Bestimmung der Federkonstanten aus der dynamischen Messung wurde die Periodendauer T über die zeitliche Differenz zweier Beschleunigungsmaxima aus Abb. 4.5 bestimmt:

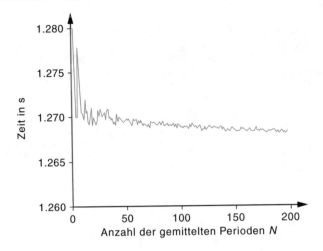

Abb. 4.7 Änderung der Periodendauer als Funktion der gemittelten Perioden

$$T(N) = \frac{t_N - t_0}{N}, \tag{4.10}$$

t_N bezeichnet dabei die Zeit des N-ten Maxima.

Abb. 4.7 stellt die Periodendauer als Funktion der Anzahl N der Perioden dar, über die für die Bestimmung von T gemittelt wurde. Die Abbildung zeigt, dass die Periodendauer leicht (0,16 %) mit wachsenden N abfällt. Hierbei ist zu beachten, dass bei ansteigendem N auch Schwingungen mit kleinerer Amplitude einbezogen wurden. Die Berechnung der Federkonstanten gemäß Gl. 4.8 für einen gedämpften harmonischen Oszillator ergibt $D = 3{,}09\,\mathrm{N} \cdot \mathrm{m}^{-1}$ (mit einer Periodendauer von $T(N = 192) = 1{,}2683$ s und $m = m_{\mathrm{Phone}} + m_{\mathrm{Feder}}/3 = 0{,}1258$ kg). Hierbei entspricht die Masse der Feder 13 % der Masse des Smartphones und darf daher nicht vernachlässigt werden. Damit zeigt sich eine sehr gute Übereinstimmung mit den Daten der statischen Messung.

4.3 Gekoppelte Pendel – Kopplung zweier Torsionspendel

Michael Thees, Sebastian Becker, Eva Rexigel, Nils Cullmann und Jochen Kuhn

Die Bedeutung von gekoppelten Schwingungen für Natur- und Ingenieurswissenschaften ist unbestritten. Jedoch bildet die Vermittlung der mathematischen und physikalischen Hintergründe für den Schulunterricht und die Studieneingangsphase eine große Herausforderung.

Ausgehend von den traditionellen experimentellen Umsetzungen von gekoppelten Pendeln, z. B. einem via Feder oder Massestück gekoppelten Faden- oder Stabpendel, soll in diesem Beitrag eine Low-Cost-Variante

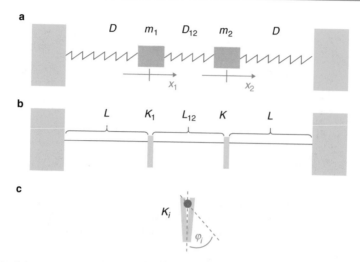

Abb. 4.8 Schema zum Vergleich zwischen gekoppelten Federpendeln (**a**) [9] und gekoppelten Torsionspendeln (**b**) Frontalansicht, (**c**) Seitenansicht; x_i und φ_i bezeichnen die jeweilige Auslenkung aus den Ruhelagen

dargeboten werden. Diese besteht aus zwei Wäscheklammern, die an einer dünnen Schnur aufgehängt sind und um ihren Aufhängungspunkt schwingen. Ziel ist dabei die quantitative Betrachtung des Einflusses des Abstandes zwischen den Klammern auf die Stärke der Kopplung (Periode der Energieübertragung).

Da für die Realisierung des Experiments ausschließlich Alltagsmaterialien erforderlich sind, ist es insbesondere als Freihandexperiment oder zur Gruppenarbeit geeignet.

Für die Videoanalysen wurde die App Viana [3] verwendet, da sie innerhalb eines Videos mehrere Objekte verfolgen kann. Zur weiteren Auswertung wurde die App Graphical Analysis [4] genutzt.

Dieser Beitrag orientiert sich an Arbeiten [5–8].

Theoretischer Hintergrund

In Anlehnung an die Kopplung zweier Federpendel mit gleichen Federkonstanten und gleichen schwingenden Massen [9] sollen nun die gekoppelten Bewegungen der Wäscheklammern modelliert werden. Dabei wird der Aufbau quasi in zwei Torsionspendel aufgeteilt, die wiederum über einen Torsionsfaden gekoppelt sind.

Die sich für den Fall von gekoppelten Federpendeln (Abb. 4.8a) ergebenden Gleichungen für die Eigenschwingungen der beiden Massen lassen sich mithilfe einer Transformation auf Normalkoordinaten entkoppeln und als Überlagerung zweier harmonischer Schwingungen darstellen (Normalschwingungen) [9].

Die halbe Schwebungsperiode der auf die x_i-Koordinaten rücktransformierten Schwingungen beschreibt die Zeit für die Energieübertragung zwischen den beiden Pendeln (hin und zurück), falls diese nicht gleich- oder gegenphasig angeregt wurden [9] und lässt sich somit folgendermaßen als Periode der Energieübertragung τ beschreiben[1]:

---

[1]Im Gegensatz zu $\tau_{tansfer}$ in [7] wird hier die sprachliche Eindeutigkeit des Begriffs „Periode" im deutschen Sprachgebrauch im Sinne des Hin- *und* Rücktransfers der Energie berücksichtigt.

Tab. 4.1 Vergleich zwischen beschreibenden physikalischen Größen der Translation und Rotation [9]

Translation	Rotation
Auslenkung x	Verdrillung (Winkel) φ
Federkonstante D	Richtmoment D_r
Masse m	Trägheitsmoment I
Rückstellkraft $F = -D \cdot x$	Rückstelldrehmoment $D = -D_r \cdot \varphi$
Schwingungsdauer einer linearen Schwingung $T = 2\pi\sqrt{m \cdot D^{-1}}$	Schwingungsdauer einer Torsionsschwingung $T = 2\pi\sqrt{I \cdot D_r^{-1}}$

$$\tau = \frac{T_{Schwebung}}{2} = \frac{2\pi}{\sqrt{\frac{D+2D_{12}}{m}} - \sqrt{\frac{D}{m}}} \approx 2\pi\sqrt{m \cdot \frac{D}{D_{12}^2}} \qquad (4.11)$$

Die Näherung basiert auf einer Taylorentwicklung erster Ordnung der Wurzelterme unter der Annahme von $D_{12} \ll D$.

Für die Übertragung der Situation auf die gekoppelten Torsionspendel gilt es zunächst, die rücktreibenden Kräfte bei der Verdrillung (Torsion) eines Fadens mit dem Radius R der Länge L und dem Schubmodul G um einen Winkel φ zu betrachten (waagerecht aufgehängt – ohne Einfluss der Gravitationskraft).

Es entsteht folgendes rücktreibendes Drehmoment D^* mit entsprechendem Richtmoment D_r [9]:

$$D^* = -D_r \cdot \varphi = -\left(\frac{\pi}{2} \cdot G \cdot \frac{R^4}{L}\right) \cdot \varphi. \qquad (4.12)$$

Zudem muss noch das Drehmoment D' an den Klammern berücksichtigt werden, welches aufgrund der Gewichtskraft der Klammern und deren Aufhängung außerhalb ihres Schwerpunkts entsteht (hier sei r' der Abstand zwischen Schwerpunkt und Aufhängung einer Klammer):

$$F' = -F_{G,\,Klammer} \cdot \sin(\varphi) \approx -F_{G,\,Klammer} \cdot \varphi, \; \varphi \text{ klein}, \qquad (4.13)$$

$$D' = -D_r' \cdot \varphi = -(r' \cdot F_{G,\,Klammer}) \cdot \varphi. \qquad (4.14)$$

Im Vergleich zur Ausgangssituation bei den gekoppelten Federpendeln bedeutet die Modellierung der gekoppelten Torsionspendel einen Übergang von der Translation zur Rotation (Tab. 4.1).

Damit ergibt sich folgender Übergang zwischen Feder- und Torsionspendel:

$$D \to D_r(L) + D_r', \qquad (4.15)$$

$$D_{12} \to D_r(L_{12}). \qquad (4.16)$$

Mit der Annahme

$$D_r(L_{12}) \ll D_r(L) + D_r'$$
                                                                    (4.17)

erhält man für die Periode der Energieübertragung τ nach Gl. 4.11:

$$\tau = 2\pi \sqrt{m \cdot \frac{D_r(L) + D_r'}{D_r(L_{12})^2}} = \frac{4}{G \cdot R^4} \cdot L_{12} \cdot \sqrt{I \cdot \left(\frac{\pi}{2} \cdot G \cdot \frac{R^4}{L} + r' \cdot F_{G,\,\text{Klammer}}\right)}.$$
                                                                    (4.18)

Für den Fall, dass nur die Länge L_{12} variiert wird und andere Parameter konstant gehalten werden, ergibt sich folgende Abhängigkeit:

$$\tau \propto L_{12}.$$
                                                                    (4.19)

Dies bedeutet, dass unter Beachtung der Randbedingungen ein linearer Zusammenhang zwischen der Länge des Fadens zwischen den Klammern und der Periode der Energieübertragung erwartet wird.

Aufbau und Durchführung

Benötigt wird traditionelles Stativmaterial (Stangen, Füße, Haken), eine dünne, aber stabile Schnur sowie mindestens zwei Wäscheklammern und zwei Massestücke (je 0,25 kg–0,5 kg). Die Schnur wird über die Haken aufgehängt und mithilfe der Massen gespannt (Abb. 4.9a). An der Schnur werden symmetrisch die Klammern befestigt (Abb. 4.8b). Zusätzlich können Markierungen an den Klammern angebracht werden, um die automatische Bewegungserkennung zu unterstützen (Abb. 4.9b).

Das Tablet wird im Fotografie-Modus mithilfe eines Stativs (entweder ein Fotostativ oder alternativ aus traditionellem Stativmaterial) mit der Frontkamera nach oben unterhalb der Klammern ausgerichtet.

Zu Beginn wird eine Klammer ausgelenkt und losgelassen und über die Frontkamera des Tablets ein Video der Bewegung der Klammern aufgenommen. Erst nachdem die Schwingung mehrmals von einer Klammer auf die andere übertragen wurde, wird die Aufnahme gestoppt. Da die meisten Apps keine Möglichkeit anbieten, ein Video mithilfe der Frontkamera aufzunehmen, muss das Video im Fotografie-Modus des Tablets aufgenommen und zur Auswertung in die App importiert werden.

Der Vorgang wird für verschiedene Abstände zwischen den Klammern wiederholt (z. B. mit einer Schrittweite von 5 cm bei konstantem äußerem Abstand $L = 20$ cm). Für jeden Variationsschritt wird die Periode der Energieübertragung (die halbe Schwebungsperiode) mithilfe der Videoanalyse bestimmt.

Aufgrund der Annahmen Gl. 4.17 ergibt sich, dass der minimale Abstand zwischen den Klammern nicht zu klein werden darf, da sonst das rücktreibende Drehmoment aufgrund der Kopplung zwischen den Klammern größer als das rücktreibende Drehmoment durch Gewichtkraft und Kopplung mit der Aufhängung wäre.

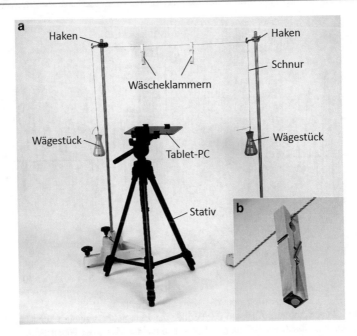

Abb. 4.9 (a) Fotografie des experimentellen Aufbaus, (b) Detailansicht zu den angebrachten Markierungen an einer Klammer

Auswertung

Bei der Analyse der Aufnahmen ist zu beachten, dass das Tablet orthogonal zur Ruhelage der Klammern ausgerichtet war, somit entspricht die Position der Markierung der Projektion deren Auslenkung und damit einer zeitlich variierenden Amplitude. Zudem sollte eine Koordinatenachse entlang der Schnur gelegt werden. Als sinnvoller Maßstab bietet sich der Abstand zwischen den Klammern an.

Aus den Darstellung des zeitlichen Verlaufs der bestimmten Positionen lassen sich sowohl die momentane Auslenkung, die Phasenbeziehung der gekoppelten Bewegungen und die Periode der Energieübertragung τ auslesen (Abb. 4.10).

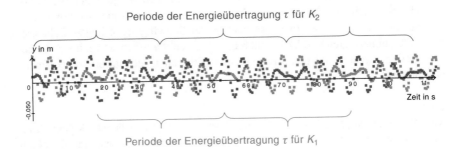

Abb. 4.10 Screenshot des zeitlichen Verlaufs der Schwingungen mit markierten Perioden der Energieübertragung τ für beide Klammern, für $L_{12} = 0,2$ m, $L = 0,2$ m und kleiner Masse der Wägestücke

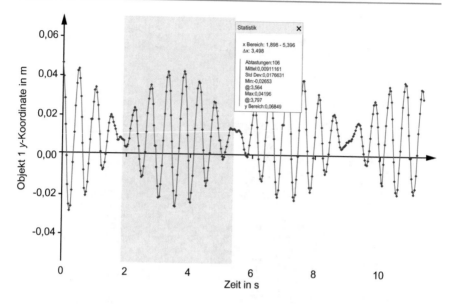

Abb. 4.11 Screenshot zum Auslesen der Periode der Energieübertragung τ für Klammer K_1 in Graphical Analysis, für $L_{12} = 0,2$ m, $L = 0,2$ m und kleiner Masse der Wägestücke

Zur besseren Bestimmung der Periode der Energieübertragung τ können die Daten auch in eine andere App (z. B. iOS: Vernier Graphical Analysis [4]) exportiert und mithilfe der Cursor-Funktion genauer betrachtet werden (Abb. 4.11).

Das Auftragen der Messwerte in ein Diagramm und Auswerten mittels linearer Regression zeigt, dass das Modell des linearen Zusammenhangs zwischen τ und L_{12} durchaus geeignet ist, um die beobachtbaren Abhängigkeiten möglichst einfach zu beschreiben (Abb. 4.12).

Alternative Durchführung

Die Stärke der Kopplung lässt sich auch über die Spannung der Schnur variieren (Masse der Wägestücke), denn je stärker die Schnur gespannt ist, desto stärker zeigt sich die Kopplung der Klammern. Alternativ kann der Fokus der Beobachtung auch auf der Phasenbeziehung der Schwingungen liegen. Falls die beiden Klammern gleich- oder gegenphasig ausgelenkt wurden, so zeigt sich keine Energieübertragung, und beide Klammern oszillieren in der jeweiligen Normalschwingung.

Fazit

Mithilfe dieses kostengünstigen Aufbaus lassen sich verschiedenste Aspekte von gekoppelten Schwingungen untersuchen. Diese Alterative zu den traditionellen Realisierungen mit Feder- oder Stabpendeln baut auf alltäglichen Erfahrungen und intuitiven Vorstellungen zur Physik auf und bietet damit einen Anknüpfungspunkt

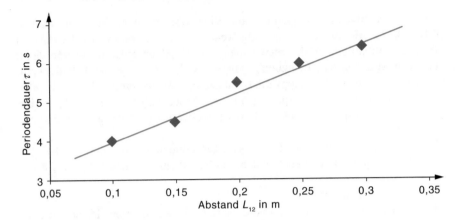

Abb. 4.12 Darstellung der experimentell bestimmten Periodendauer τ in Abhängigkeit des Abstandes für $L_{12} = 0,2$ m und großer Masse der Wägestücke, Kennwerte der linearen Regression: Geradengleichung $f(x) = 12,704 \cdot x + 2,741, R^2 \approx 0,98$

an haptische Vorerfahrungen der Lernenden. Die mobile Videoanalyse mit einem Tablet-PC ermöglicht insbesondere die Untersuchung der Auswirkung von variierten Randbedingungen. Somit lassen sich auch einfache Abschätzungen zwischen wesentlichen Parametern und der Stärke der Kopplung experimentell quantifizieren. Die physikalischen Hintergründe bilden eine größere fachliche Hürde, sie werden aber in einem ersten Schritt durch systematische Beobachtung und Dokumentation des Experiments erfahrbar.

Damit bilden die Dokumentation mithilfe der Videografie, die Abrufbarkeit der Ergebnisse und die schnelle quantitative Analyse eine breite Grundlage für Diskussionen im Unterricht. Durch die bildgestützte Messwerterfassung bleibt dabei der Fokus auf der bildhaften und grafischen Repräsentation der Bewegungen und der zu verarbeitenden Messwerte.

4.4 Gedämpfte harmonische Schwingungen – Federpendel in Wasser

Michael Thees, Sebastian Becker und Jochen Kuhn

Die Nutzung von Mikrocontrollern [10, 11] und der internen Sensoren [12] von Smartphones hat in den letzten Jahren mehrmals die experimentelle Untersuchung von (gedämpften) harmonischen Schwingungen vereinfacht. Diese Methoden ermöglichten es, auch bei schnell ablaufenden Experimenten viele Messdaten aufzuzeichnen und somit die Grundlage für anschließende grafische Auswertungen zu bilden.

Jedoch stellt die eigentliche Messwerterfassung bei beiden Methoden ein Blackbox-Experiment dar und das Verständnis der Funktionsweise der verbauten Sensoren bedarf eines sehr detailliertem physikalisch-technischem Wissen um die dahinterstehende Messtechnik.

Eine Alternative dazu bietet die mobile Videoanalyse, da hier eine sehr intuitive Methodik der Messwerterfassung angewendet wird, welche die Beobachtungen durch die bildbasierte Positionserkennung von Objekten quantifiziert und damit keine Umwege über eine Blackbox gegangen werden. Zudem ermöglicht die kombinierte Nutzung weniger Apps eine vollständige Auswertung auf dem mobilen Endgerät. Dazu wurden die App Viana [3] zur Videoanalyse sowie die Apps Graphical Analysis [4] und GeoGebra [15] zur weiteren Betrachtung der Messwerte verwendet.

Der folgende Beitrag zeigt den Einsatz der mobilen Videoanalyse am Beispiel des in Wasser gedämpften Federpendels und basiert auf den Arbeiten [8, 13, 14].

Theoretische Grundlagen

Die folgende Darstellung der theoretischen Grundlagen orientiert sich an [16].

Lenkt man ein in Wasser getauchtes Federpendel aus der Ruhelage $y_0 = 0$ aus, so wirkt durch die Feder nach dem Hooke'schen Gesetz eine rücktreibende Kraft auf die Pendelmasse:

$$F_D = -D \cdot y. \tag{4.20}$$

Nach dem Loslassen kommt es zur gedämpften Schwingung, wobei die Dämpfung entgegen der Bewegungsrichtung wirkt und auf die Reibung zwischen Schwingungskörper und dem umgebenden Medium (Wasser) zurückzuführen ist. Es wird dabei viskose Reibung angenommen [13] (Stokes'sche Reibungskraft, b: Reibungskoeffizient), wobei die Reibung zwischen Wasser und dem eingetauchten Teil der Feder vernachlässigt wird:

$$F_R = -b \cdot v = -b \cdot \dot{y}. \tag{4.21}$$

Betrachten nun die bei der Schwingung im Wasser auftretenden Kräfte:

$$F = F_D + F_R,$$

$$m \cdot \ddot{y} = -D \cdot y - b \cdot \dot{y}. \tag{4.22}$$

Mit dem Lösungsansatz

$$y(t) = c \cdot e^{\lambda t} \tag{4.23}$$

erhält man folgende quadratische Gleichung:

$$\lambda^2 + 2\gamma\lambda + \omega_0^2 = 0. \tag{4.24}$$

Mit den Substitutionen $\omega_0^2 = D/m$ und $2\gamma = b/m$ (γ: Dämpfung) und der Lösung

$$\lambda_{1,2} = -\gamma \pm \sqrt{\gamma^2 - \omega_0^2}. \tag{4.25}$$

Betrachten wir hier den Fall der schwachen Dämpfung ($\gamma^2 - \omega_0^2 < 0$) mit der allgemeinen Lösung

$$y(t) = A \cdot e^{-\gamma t} \cdot \cos(\omega t + \varphi), \tag{4.26}$$

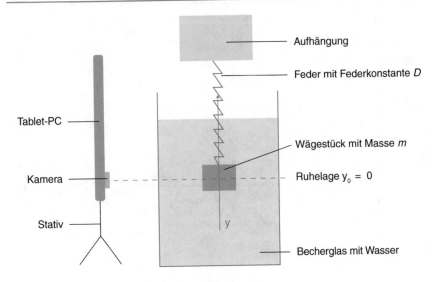

Abb. 4.13 Schematischer Aufbau des Experiments

wobei $\omega^2 = \omega_0^2 - \gamma^2$ für die Frequenz (Frequenzverschiebung aufgrund der Dämpfung γ) und $A = 2 \cdot |c|$ für die Amplitude gelten.

Mit den Randbedingungen $y(0) = A$ und $\dot{y}(0) = 0$ erhält man die Bewegungsgleichung

$$y(t) = A \cdot e^{-\gamma t} \cdot \cos(\omega t). \tag{4.27}$$

Damit nimmt die Amplitude exponentiell mit der Zeit ab. Als einhüllende Funktion der Maxima ergibt sich:

$$y_e(t) = A \cdot e^{-\gamma t}. \tag{4.28}$$

Aufbau und Durchführung

Ein konventionelles Federpendel aus Feder, Wägestück und Aufhängung wird so in ein Becherglas mit Wasser eingetaucht, dass die Schwingung vollständig unter Wasser stattfindet (Abb. 4.13).

Das Tablet wird mit der Kamera auf Höhe der Ruhelage positioniert. Es ist darauf zu achten, dass keine störenden Elemente wie Beschriftung und Skala des Becherglases oder starke Reflexionen der Umgebung die Sicht auf das Massestück verhindern.

Das Wägestück wird ausgelenkt und losgelassen, während die Bewegung mit der App Viana aufgezeichnet wird.

Auswertung

Die Auswertung der Bewegung des Massestückes in der App Viana zeigt den erwarteten charakteristischen Verlauf einer Schwingung mit einer exponentiell abklingenden Amplitude (Abb. 4.14). Es ist auf eine geeignete Wahl des Koordinatensystems zu achten, beispielsweise sollte man den Koordinatenursprung in die Ruhelage der Pendelmasse legen.

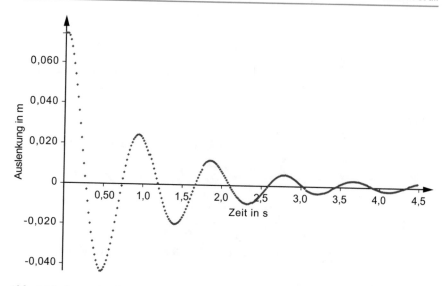

Abb. 4.14 Screenshot der grafischen Aufbereitung der Messwerte in Viana

Ein Export in die App Graphical Analysis (Abb. 4.15) ergibt die Möglichkeit, direkt die Maxima und die Periodendauern auszulesen. Somit erhält man Informationen zum Dämpfungsverhalten und zur Periodizität des Schwingungssystems.

Zur Ermittlung der Dämpfungskonstanten γ werden die Maxima der Messwerte in ein GeoGebra-Arbeitsblatt eingetragen und manuell gefittet (Abb. 4.16, [17]), indem mithilfe von Schiebereglern wesentliche Parameter der einhüllenden Funktion (Gl. 4.28) angepasst werden (Die manuelle Anpassung der Parameter ist in Graphical Analysis nicht möglich). Der zusätzlich hinzugefügte Achsenabschnitt b (Abb. 4.16) soll dabei die Wahl des Koordinatenursprungs gegebenenfalls korrigieren.

Fazit

Mithilfe der physikalischen Videoanalyse lässt sich der traditionelle Aufbau zu gedämpften harmonischen Schwingungen auf intuitive und schnelle Weise auswerten. Durch die komfortable Messwerterfassung und die direkt einhergehenden Auswertung inklusive grafischer Aufbereitung erlaubt die Nutzung von Smartphones und Tablets eine direkte Betrachtung der relevanten physikalischen Größen. Es ergeben sich Möglichkeiten zur schnellen und systematischen Variation von wichtigen Randbedingungen, deren Dokumentation und Aufbereitung.

Somit lässt sich dieser grundlegende Versuch nicht nur kostengünstig, sondern auch mehrfach parallel in Gruppenarbeitsphasen durchführen. Durch die schnelle Auswertung mithilfe von kostenlosen Apps auf einem einzigen Gerät verlagern sich die Schwerpunkte bei der Untersuchung und Aufbereitung der Phänomene zugunsten der Diskussion der Inhalte.

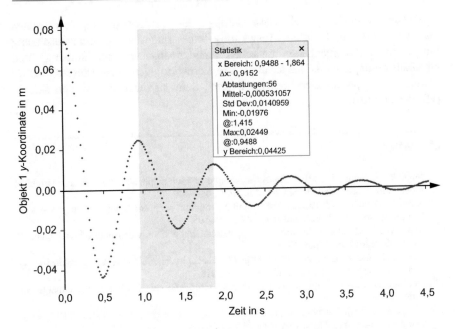

Abb. 4.15 Darstellung der Messwerte in Graphical Analysis und beispielhaftes Auslesen der Periodendauer mithilfe der Cursorfunktion

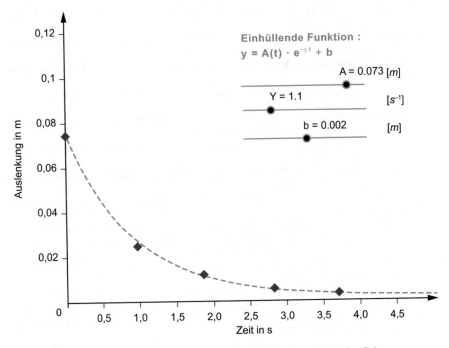

Abb. 4.16 Darstellung der Messwerte und manuelle Kurvenanpassung in GeoGebra

Zudem ermöglicht die Fokussierung der grafischen Repräsentationen der Messwerte und deren Auswertung eine intensive Auseinandersetzung mit dem Zusammenhang zwischen mathematischer Beschreibung und physikalisch-experimenteller Realität. Die Lernwirkungen eines Einsatz mobiler Medien als Experimentiermittel im Bereich Schwingungen und Wellen sind in [18–19] zu finden

Literatur

1. Vogt, P., & Kuhn, J. (2012). Analyzing simple pendulum phenomena with a smartphone acceleration sensor. *The Physics Teacher, 50*(7), 439–440.
2. Kuhn, J., & Vogt, P. (2012). Analyzing spring pendulum phenomena with a smartphone acceleration sensor. *The Physics Teacher, 50*(8), 504–505.
3. Viana (iOS, kostenlos). https://itunes.apple.com/de/app/viana-videoanalyse/id1031084428?mt=8. Zugegriffen: 04. Jan. 2018.
4. Graphical Analysis (iOS, kostenlos). https://itunes.apple.com/de/app/vernier-graphical-analysis/id522996341?mt=8. Zugegriffen: 04. Jan. 2018.
5. Hilscher, H. (2010). *Physikalische Freihandexperimente. Bd. 1: Mechanik.* Hallbergmoos: Aulis Verlag.
6. Cho, Y.-K. (2012). Teaching the physics of a string-coupled pendulum oscillator: Not just for seniors anymore. *The Physics Teacher, 50*(7), 417–419.
7. Thees, M., Becker, S., Rexigel, E., Cullman, N., & Kuhn, J. (2018). Coupled pendulums on a clothesline. *The Physics Teacher, 56*(6), 202–203.
8. Becker, S., Klein, P., & Kuhn, J. (2016). Video analysis on tablet computers to investigate effects of air resistance. *The Physics Teacher, 54*(7), 440–441.
9. Demtröder, W. (2015). *Experimentalphysik 1. Mechanik und Wärmelehre.* Berlin: Springer-Spektrum.
10. LoPresto, M. C., & Holody, P. R. (2003). measuring the damping constant for underdamped harmonic motion. *The Physics Teacher, 41*(1), 22–24.
11. Kamela, M. (2007). An oscillating system with sliding friction. *The Physics Teacher, 45*(2), 110–113.
12. Egri, S., & Szabó, L. (2015). Analyzing oscillations of a rolling cart using smartphones and tablets. *The Physics Teacher, 53*(3), 162–164.
13. Poonyawatpornkul, J., & Wattanakasiwich, P. (2013). High-speed video analysis of damped harmonic motion. *Physics Education, 48*(6), 782–789.
14. Leme, J. C., & Oliveira, A. (2017). Pendulum underwater – An approach for quantifying viscosity. *The Physics Teacher, 55*(9), 555–557.
15. GeoGebra Classic (iOS, kostenlos). https://itunes.apple.com/de/app/geogebra-classic/id687678494?mt=8. Zugegriffen: 04. Jan. 2018.
16. Demtröder, W. (2015). *Experimentalphysik 1. Mechanik und Wärme.* Berlin: Springer-Spektrum.
17. Das Arbeitsblatt (Autor: Michael Thees) wurde in der GeoGebra-Materialsammlung online gestellt und ist unter folgendem Link erreichbar. https://ggbm.at/y9XrDuvd.
18. Hochberg, K., Kuhn, J., & Müller, A. (2018). Using smartphones as experimental tools – effects on interest, curiosity and learning in physics education. *Journal of Science Education and Technology, 27*(5), 385–403.
19. Hochberg, K., Becker, S., Louis, M., Klein, P., & Kuhn, J. (2020). Using smartphones as experimental tools – a follow-up: Cognitive effects by video analysis and reduction of cognitive load by multiple representations. *Journal of Science Education and Technology, 29.* https://doi.org/10.1007/s10956-020-09816-w.

Akustik

5

Patrik Vogt, Michael Hirth, Lutz Kasper, Pascal Klein,
Stefan Küchemann und Jochen Kuhn

5.1   Schall steht und bewegt sich

5.1.1   Schallarten

Patrik Vogt

Mithilfe der App Audio Kit [1, 2] oder anderen Schallanalyse-Apps (z. B. [3, 4])
können Schallsignale analysiert und Töne definierter Frequenz generiert werden.
Durch die Möglichkeit, Oszillogramme und Frequenzspektren darzustellen, Schall-
pegel zu messen und Töne zu erzeugen, ergeben sich vielfältige Experimentier-
möglichkeiten im Themenbereich Akustik. An dieser Stelle soll die Untersuchung
verschiedener Schallarten ausführlicher beschrieben werden (z. B. [2, 5, 6]).

P. Vogt (✉)
Mainz, Deutschland
E-Mail: vogt@ilf.bildung-rp.de

M. Hirth · P. Klein · S. Küchemann · J. Kuhn
Kaiserslautern, Deutschland
E-Mail: mhirth@physik.uni-kl.de

P. Klein
E-Mail: pascal.klein@uni-goettingen.de

S. Küchemann
E-Mail: s.kuechemann@physik.uni-kl.de

J. Kuhn
E-Mail: kuhn@physik.uni-kl.de

L. Kasper
Schwäbisch Gmünd, Deutschland
E-Mail: lutz.kasper@ph-gmuend.de

© Springer-Verlag GmbH Deutschland, ein Teil von Springer Nature 2019
J. Kuhn und P. Vogt (Hrsg.), *Physik ganz smart*,
https://doi.org/10.1007/978-3-662-59266-3_5

Hintergrund und experimentelle Untersuchung

Schwingende Körper, wie Saiten, Membrane oder Klangstäbe rufen in ihrer direkten Umgebung Druckschwankungen hervor, die sich in Form von Schallwellen durch den Raum ausbreiten. In Abhängigkeit des Anregungsmechanismus unterscheidet man in der Physik zwischen den vier Schallarten *Ton*, *Klang*, *Geräusch* und *Knall*. Obwohl in der Alltagssprache die beiden Begriffe *Ton* und *Klang* fast synonym verwandt werden, gibt es aus Sicht der Physik zwischen ihnen klare Unterschiede.

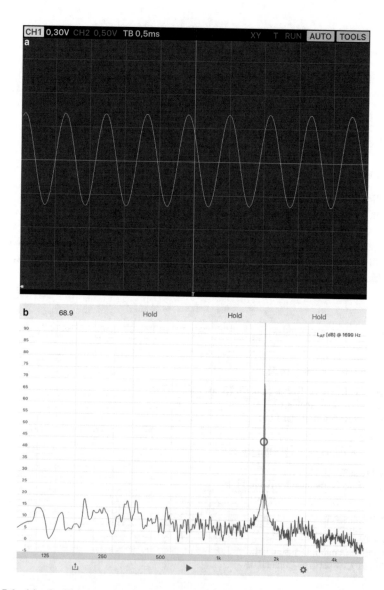

Abb. 5.1 **(a)** Oszillogramm und **(b)** Frequenzspektrum des Tons einer Stimmgabel ($f = 1700$ Hz)

Ein *Ton* entsteht immer dann, wenn die Druckschwankungen und somit die Schwingung des schallemittierenden Körpers durch eine einzige Sinusfunktion beschrieben werden kann, d. h., wenn es sich um eine harmonische Schwingung handelt (Abb. 5.1a, aufgenommen mit [3]). Unterzieht man das akustische Signal eines Tons einer Fourier-Analyse und stellt das Ergebnis in Form eines Frequenzspektrums dar, so erhält man eine einzige Spektrallinie bei der Frequenz f. Die. Abb. 5.1b zeigt ein Messbeispiel, aufgenommen mit der App Spektroskop [4].

Registriert man den von einem Musikinstrument erzeugten „Ton" mit dem Mikrofon eines Smartphones und stellt das Oszillogramm des Signals mit einer Analyse-App grafisch dar, so ergibt sich ein periodisches, jedoch kein sinusförmiges Schwingungsbild (Abb. 5.2a); man spricht in der Physik von einem *Klang*. Entsprechend dem Satz von Fourier, lässt sich ein solches Signal als Summe von Sinusfunktionen darstellen, deren Argumente ganzzahlige Vielfache einer Grundfrequenz sind. Das Frequenzspektrum eines Klangs besitzt, im Gegensatz zu dem des Tons, somit mehrere Spektrallinien (Abb. 5.2b). Die beim Hören eines Klangs wahrgenommene Tonhöhe wird ausschließlich von der Grund-

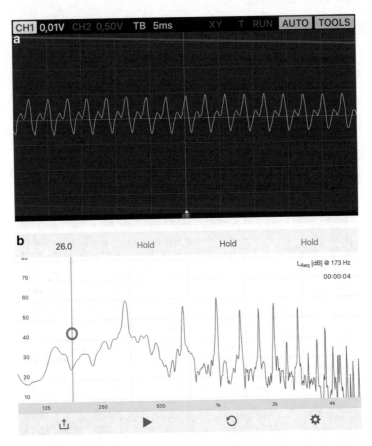

Abb. 5.2 (a) Oszillogramm und (b) Frequenzspektrum des Klangs eines Klaviers (Note e')

frequenz beeinflusst, die Anzahl und die Amplituden der Obertöne bestimmen (neben anderen Mechanismen) die Klangfarbe des Instruments. Spielen zwei verschiedene Instrumente einen Grundton gleicher Frequenz und Amplitude, so ist es uns u. a. infolge unterschiedlicher Obertonspektren dennoch möglich, zwischen den Instrumenten zu unterscheiden. Darüber hinaus wird die Klangfarbe insbesondere von den Einschwingvorgängen beeinflusst, welche in Abschn. 5.4.3 genauer untersucht werden.

Im Gegensatz zum Ton und Klang wird ein *Geräusch* (z. B. Zusammenknüllen eines Blatt Papiers) nicht durch periodische Vorgänge hervorgerufen. Die Fourier-Analyse liefert ein nahezu kontinuierliches Spektrum (Rauschen), d. h., es ist eine Vielzahl von Einzeltönen vorhanden, die beliebige Frequenzen annehmen können (Abb. 5.3b).

Eine plötzlich einsetzende mechanische Schwingung großer Amplitude und kurzer Abklingzeit nehmen wir als *Knall* wahr. Beispiele hierfür sind das Platzen eines Luftballons oder das Händeklatschen. Ähnlich wie bei einem Geräusch kann man einem Knall keine einzelne Frequenz zuordnen, sondern lediglich einen Frequenzbereich (Abb. 5.4b).

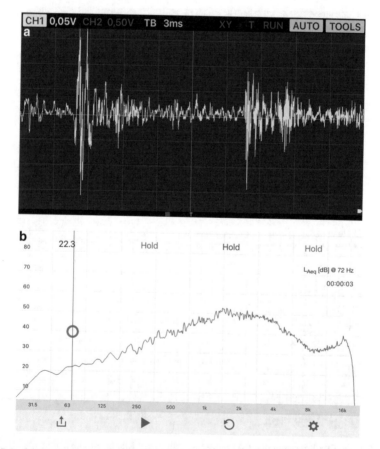

Abb. 5.3 (a) Oszillogramm und (b) Frequenzspektrum, aufgenommen beim Zusammenknüllen eines Blatt Papiers

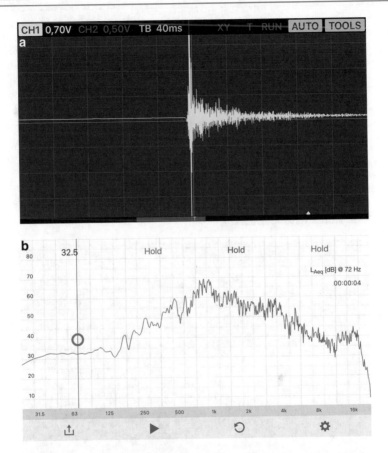

Abb. 5.4 (a) Oszillogramm und (b) Frequenzspektrum eines einmaligen Klatschens

5.1.2 Schallgeschwindigkeit und Reflexion

Patrik Vogt

Durch eine akustische Messung der Laufzeit eines an einer Wand reflektierten Schallsignals soll die Schallgeschwindigkeit in Luft ermittelt werden [7].

Aufbau und Durchführung:
Zur Durchführung des Experiments positioniert man sich etwa 5 m von einer Wand entfernt (z. B. Außenwand des Schulgebäudes) und hält das Smartphone derart, dass das interne Mikrofon in Richtung der Mauer zeigt (Abb. 5.5). Durch Zusammenschlagen zweier Bretter wird ein lauter, schnell abklingender Knall erzeugt, welcher nach Reflexion an der Wand ein zweites Mal das Smartphone erreicht. Der Knall wie auch sein Echo werden vom Smartphone-Mikrofon

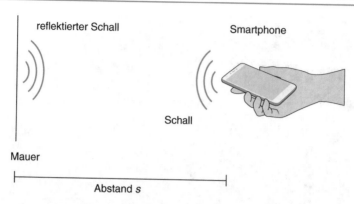

Abb. 5.5 Skizze des Versuchsaufbaus [6]

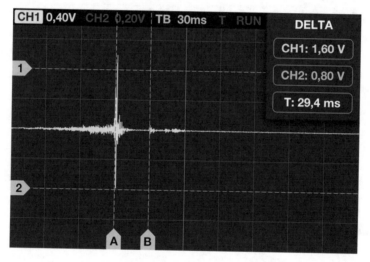

Abb. 5.6 Screenshot der App „Oscilloscope"

registriert und mit der App „Oscilloscope" [3] aufgezeichnet (Abb. 5.6). Der zeitliche Abstand der beiden Peaks entspricht der Laufzeit des Schalls, welche zur Berechnung der Schallgeschwindigkeit herangezogen werden kann.

Ergebnis der Beispielmessung

Die Beispielmessung wurde bei einem Wandabstand von $s = 5$ m (15 °C Lufttemperatur) durchgeführt und führte auf eine Schalllaufzeit von $t = 29{,}4$ ms (Abb. 5.6). Die Schallgeschwindigkeit c ergibt sich somit zu

$$c = \frac{2s}{t} = \frac{2 \cdot 5\,\text{m}}{29{,}4 \cdot 10^{-3}\,\text{s}} \approx 340\frac{\text{m}}{\text{s}}, \tag{5.1}$$

bei einem Maximalfehler von ± 3 m $\cdot$ s^{-1} ($\Delta s \approx 0{,}05$ m, $\Delta t \approx 0{,}5$ ms). Der Literaturwert 340,5 m $\cdot$ s^{-1} (bei 15 °C [8]) liegt demnach im Fehlerintervall der Messung, welche für Unterrichtszwecke mit ausreichend hoher Genauigkeit erfolgt.

Hinweise und Tipps

- Die App „Oscilloscope" [3] ist zur Messung gut geeignet; prinzipiell können aber auch andere Apps für das Experiment genutzt werden.
- Da sich der Schall in Form einer Kugelwelle ausbreitet, sollte bei der Wahl des Experimentierplatzes beachtet werden, dass jegliche Gegenstände im Umfeld den Schall reflektieren. Ein offener Platz mit wenigen Hindernissen (z. B. Schulhof) eignet sich gut.
- Aufgrund der hohen Zeitauflösung der akustischen Analyse erreicht man bereits bei kurzen Entfernungen Ergebnisse mit ausreichender Genauigkeit.
- Eine Durchführung in Partnerarbeit erleichtert das Experimentieren erheblich.
- Lässt man die Schülerinnen und Schüler in Kleingruppen arbeiten, so können diese mit unterschiedlichen Wandabständen arbeiten (bewährt haben sich Abstände zwischen 5 und 10 m). Nach dem Zusammenführen der Ergebnisse und dem Auftragen der Laufzeit gegen die Strecke, lässt sich folgern, dass sich der Schall mit konstanter Geschwindigkeit ausbreitet (Abb. 5.7).
- Bei größerer Entfernung zur schallreflektierenden Wand (diese kann z. B. auch ein Waldrand sein), ist eine Zeitmessung allein mit dem Gehör und einer Armbanduhr möglich. Hierzu erzeugt man das Schallsignal durch Klatschen, am besten mit zwei Holzbrettchen, und schlägt nach dem Hören des Echos stets erneut die Hände so zusammen, dass ein gleichmäßiger Rhythmus entsteht: Klatsch – Echo – Klatsch – Echo... Die Klatschfrequenz, die mit der Uhr von einem zweiten Experimentator sehr genau ermittelt werden kann, liefert mit hoher Genauigkeit die gesuchte Laufzeit und, unter Berücksichtigung des Wandabstands, die Schallgeschwindigkeit in Luft [9].

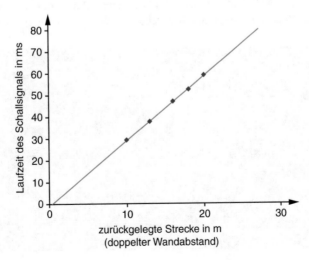

Abb. 5.7 Laufzeit des Schalls in Abhängigkeit von der zurückgelegten Strecke

5.1.3 Akustik der Boomwhackers: Experimentelle Erschließung der Mündungskorrektur

Patrik Vogt

In den nachfolgenden Abschnitten werden die Schallreflexion am offenen Rohrende (Abschn. 5.1.4) sowie stehende Wellen in Pfeifen (Abschn. 5.1.4–5.1.7) und Helmholtz-Resonatoren (Abschn. 5.1.6) besprochen und zur Berechnung der Schallgeschwindigkeit in Luft herangezogen. Zur exakten Auswertung der Experimente muss die Mündungskorrektur berücksichtigt werden, also die Tatsache, dass der Reflexionspunkt der Schallwelle bzw. ihr Druckknoten leicht außerhalb des Rohres bzw. des Resonators liegt. Diese Mündungskorrektur ist abhängig vom Radius R der Öffnung und beträgt für Rohre [10]:

$$\Delta L = 0{,}61 \cdot R. \tag{5.2}$$

Auch wenn die Mündungskorrektur für Schulzwecke vernachlässigt werden kann, ist es möglich, diese mit einfachen Mitteln, nämlich unter Zuhilfenahme von Boomwhackers (Abb. 5.8) zu bestimmen.

Aufbau und Durchführung des Experiments
Das prinzipielle experimentelle Vorgehen ist nicht neu und wurde bereits in [11] beschrieben. Allerdings wird für die bisher beschriebene Variante der Aufbau der Tonleiter vorausgesetzt, was bei folgender Methode umgangen werden kann: Man erzeugt mit einem Smartphone und einer Tongenerator-App (z. B. Audio Kit [1]) ein weißes Rauschen – alle Frequenzen in einer gewissen Bandbreite besitzen näherungsweise die gleiche Amplitude [12] –, welches über einen an einem Rohrende platzierten Aktivlautsprecher verstärkt wird. Durch das weiße Rauschen kommt es im Rohr zur Anregung einer stehenden Welle, deren Frequenz mit einem

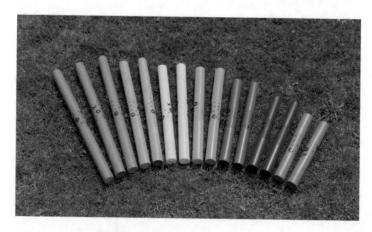

Abb. 5.8 C-Dur-Boomwhackers (diatonische Tonleiter). (© KOKALA VIEW stock.adobe.com)

Abb. 5.9 Versuchsaufbau
zur experimentellen
Bestimmung der
Mündungskorrektur

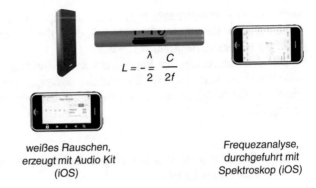

$$L = -\frac{\lambda}{2} = \frac{c}{2f}$$

weißes Rauschen,
erzeugt mit Audio Kit
(iOS)

Frequezanalyse,
durchgefuhrt mit
Spektroskop (iOS)

zweiten Smartphone gemessen werden kann; z. B. mit der App Spektroskop [4] (Abb. 5.9).

Die halbe Wellenlänge kann über die Frequenzmessung berechnet werden, welche näherungsweise der Rohrlänge L entspricht. Es gilt:

$$L = \frac{\lambda}{2} = \frac{c}{2f}. \qquad (5.3)$$

Diese Messung wiederholt man für jede Röhre und vergleicht die so errechneten Längen mit einer Längenmessung mittels Maßstab.

Auswertung des Experiments
Man erkennt deutlich, dass die mit einem Maßstab gemessene Rohrlänge systematisch unter der aus der Frequenzmessung bestimmten Rohrlänge liegt und dass die absolute Abweichung konstant ist (Abb. 5.10). Es kann also gefolgert werden, dass die Schalldruckknoten tatsächlich leicht außerhalb der Röhre liegen. Für die

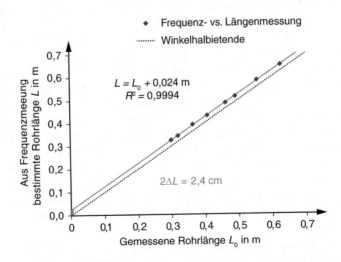

Abb. 5.10 Die mit einem Maßstab gemessene Rohrlänge unterschätzt die aus der Frequenzmessung bestimmte Rohrlänge systematisch um die doppelte Mündungskorrektur

verwendeten Boomwhackers ergibt sich eine experimentell bestimmte Mündungs-korrektur von 1,2 cm, was bestens mit dem theoretischen Wert übereinstimmt (1,22 cm bei einem Rohrradius von 2 cm).

Mit dem beschriebenen Experiment kann lediglich die Notwendigkeit einer Mündungskorrektur im Physikunterricht aufzeigt werden, die Berechnungs-gleichung für beliebige Rohre ist den Lernenden dann ohne nähere Begründung anzugeben.

5.1.4 Bestimmung der Schallgeschwindigkeit mit Abflussrohren

Lutz Kasper

Durch die Möglichkeit, Oszillogramme und Frequenzspektren mit dem Smart-phone darzustellen, ergeben sich in den Themenbereichen *Akustik* bzw. *Schwin-gungen und Wellen* vielfältige Experimentiergelegenheiten. In diesem Abschnitt wird eine Methode zur Bestimmung der Schallgeschwindigkeit unter Nutzung handelsüblicher Abflussrohre bzw. in Baumärkten erhältlicher PVC-Schläuche beschrieben [14–16]. Ergänzend wird auf die Verbesserung der Messgenauigkeit durch Einbeziehung der Mündungskorrektur hingewiesen, deren Berücksichtigung für viele der hier vorgestellten Messungen jedoch nicht zwingend erforderlich ist.

Schallausbreitung in Abflussrohren

Aus zusammensteckbaren Abwasserrohren, wie man sie im Baumarkt preiswert in verschiedenen Längen und Querschnitten erhält, wird ein Schallrohr von etwa 10 m Länge aufgebaut. Flüstert ein Schüler in eines der Enden hinein, so können Klassenkameraden am anderen Ende ihren Mitschüler trotz großer Wegstrecke gut verstehen; der Schall kann sich nur in Rohrrichtung ausbreiten, weshalb der Schalldruck auch am gegenüberliegendem Ende die Hörschwelle überschreitet. Besonders eindrucksvoll ist das „Flüsterexperiment", wenn das Schallrohr um eine oder mehrere Ecken führt, was durch passende Rohrbogenstücke realisiert werden kann. Darüber hinaus lässt sich aber noch ein weiteres Phänomen beobachten: Das sich im Rohr ausbreitende Schallsignal wird am offenen Rohrende reflektiert und mit geringer Verzögerung als Echo erneut wahrgenommen. Je länger dabei das Schallrohr ist, desto deutlicher wird die periodische Struktur des gehörten Signals. Erzeugt man durch Klopfen an einem Rohrende ein prägnantes Schallsignal, so kann dieses infolge von Mehrfachreflexionen an demselben Rohrende in langen Rohren schließlich mehrfach gehört werden. Mit jedem Echo nimmt die Aus-breitungsstrecke um die doppelte Rohrlänge zu. Registriert man die akustischen Signale mit der Oszilloscope-App eines Smartphones, dann kann aus den ables-baren Zeitdifferenzen die Schallgeschwindigkeit in Luft mit hoher Genauigkeit bestimmt werden.

Eine Beispielmessung wurde mit einem Schallrohr (Länge $L = 34,4$ m, Radius $R = 8,1$ cm) bei der Raumtemperatur 18 °C durchgeführt (Abb. 5.11).

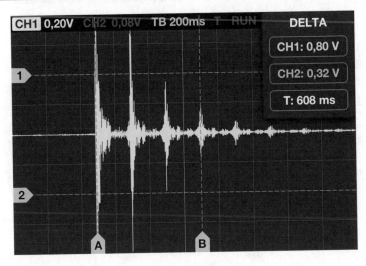

Abb. 5.11 Screenshots der App „Oscilloscope" (iOS) für die Echos eines Klopfsignals in einem langen Schallrohr

Der Abb. 5.11 kann entnommen werden, dass die Signallaufzeit bis zum dritten Echo 0,608 s beträgt. Somit gilt für die ermittelte Schallgeschwindigkeit:

$$c = \frac{\Delta s}{\Delta t} = \frac{L \cdot 2 \cdot 3}{\Delta t} = 339,5 \frac{\text{m}}{\text{s}}. \tag{5.4}$$

Das Ergebnis stimmt gut mit dem Literaturwert von $342,1 \text{ m} \cdot \text{s}^{-1}$ überein, der sich aus folgender Näherung für die Temperaturabhängigkeit der Schallgeschwindigkeit in Luft ergibt ([13], S. 525):

$$c_{\text{Luft}}(T) \approx 331,3 + 0,6 \cdot T \left(\text{Ergebnis in m} \cdot \text{s}^{-1}\right) \tag{5.5}$$

Dabei wird für T der Zahlenwert der Temperatur in °C eingesetzt.

Um die Messfehler zu minimieren, wird nicht die Zeitdifferenz von Klopfgeräusch und erstem Echo bestimmt, sondern es wird ein späteres noch gut ablesbares Echo gewählt. So erreicht man eine vielfach größere Ausbreitungsstrecke und einen geringeren Messfehler. Eine weitere Verbesserung der Genauigkeit erzielt man bei Berücksichtigung der Mündungskorrektur.

Berücksichtigung der Mündungskorrektur

Systematische akustische Messungen an kürzeren Schallrohren zeigen, dass die mit Linealen gemessenen Rohrlängen stets kleiner sind als die aus den Eigenfrequenzen berechneten Schallgeschwindigkeiten (Abschn. 5.1.3). Daraus kann geschlossen werden, dass beim Vorgang der Schallreflexion am offenen Rohrende die Schalldruckknoten (bzw. Bäuche der Bewegung) etwas außerhalb der Rohre

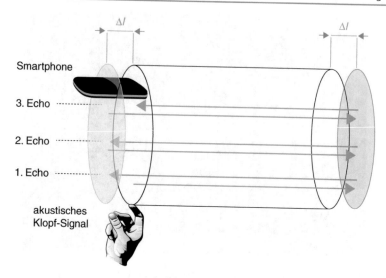

Abb. 5.12 Mündungskorrektur bei Schallreflexion an offenen Enden

liegen. Dieser Effekt ist abhängig vom Radius des verwendeten Rohres und kann mit folgender Gleichung für die Mündungskorrektur ΔL abgeschätzt werden [10]:

$$\Delta L = 0{,}61 \cdot R. \tag{5.6}$$

Für das oben präsentierte Messbeispiel kann damit das Ergebnis in folgender Weise korrigiert werden:

$$c = \frac{6 \cdot l + 10 \cdot 0{,}61 \cdot R}{\Delta t} = 340{,}3 \frac{\text{m}}{\text{s}}. \tag{5.7}$$

Zur Erklärung des Faktors 10 im Zähler der Gl. 5.7 kann man sich den zurückgelegten Weg des Schallsignals anhand der Abb. 5.12 verdeutlichen.

Je nach Rohrlänge und -radius kann die Mündungskorrektur auch vernachlässigt werden. In dem hier vorgestellten Messbeispiel beträgt ihr Anteil an der Gesamtstrecke weniger als 0,3 %.

Schließlich bietet sich diese Messmöglichkeit bei umgekehrter Herangehensweise auch dafür an, die Länge eines Rohres zu bestimmen. Ist die Temperatur bekannt, kann daraus die Schallgeschwindigkeit und mit der Laufzeitmessung der Schallsignale schließlich die Länge eines gebogenen oder schwer zugänglichen Rohres zum Beispiel im Baubereich bestimmt werden.

Nachweis der Temperaturabhängigkeit der Schallgeschwindigkeit
Für lange Rohre bietet das Messverfahren eine sehr gute Genauigkeit und kann demzufolge auch dem Nachweis der Temperaturabhängigkeit der Schallgeschwindigkeit dienen. Dafür sollten Rohrstücke ohne Biegungen zusammengesteckt werden, deren Länge sich mithilfe eines Maßbandes genau bestimmen lässt. Für das Messbeispiel in Tab. 5.1 wurde in dem jeweils selben langen Rohr die Schallgeschwindigkeit mit dem oben beschriebenen Verfahren einmal bei

Tab. 5.1 Messwerte zur Temperaturabhängigkeit der Schallgeschwindigkeit in Luft

	Außenmessung	Innenmessung
Rohrlänge	9,48 m	9,48 m
Rohrradius	0,07 m	0,07 m
Lufttemperatur	0 °C	24 °C
Zeitdifferenz zwischen Signal und 4. Echo	0,229 s	0,219 s
Im Experiment gemessene Schallgeschwindigkeit (ohne Berücksichtigung der Mündungskorrektur)	331 m · s^{-1}	346 m · s^{-1}
Literaturwert für die Schallgeschwindigkeit (siehe 5.5)	331,3 m · s^{-1}	345,7 m · s^{-1}

einer Außentemperatur von 0 °C und dann bei einer Raumtemperatur von 24 °C bestimmt. In beiden Fällen kommt die gemessene der theoretisch erwarteten Schallgeschwindigkeit sehr nahe (prozentuale Abweichung: ca. 0,1 %).

5.1.5 Korkenziehen und Schallgeschwindigkeit

Lutz Kasper und Patrik Vogt

Korkenziehen verheißt in erster Linie einen kulinarischen Genuss. Dass dabei auch der nach physikalischen Fragen „dürstende" Geist nicht zu kurz kommt, wurde unter mechanischen Gesichtspunkten an anderer Stelle bereits gezeigt [17]. Dem wird hier mit einer akustischen Betrachtung ein weiterer alltagsphysikalischer Kontext hinzugefügt. Mithilfe einer Weinflasche, eines Korkenziehers und eines Smartphones lässt sich auf einfache Weise die Schallgeschwindigkeit in Luft bestimmen.

Bestimmung der Schallgeschwindigkeit
Das gut vernehmbare Geräusch kennt vermutlich jeder: Plopp – und draußen ist der Korken. Warum klingt es gerade so? Wovon hängt der Klang ab und welche Informationen lassen sich daraus gewinnen?

Für die Messung des Frequenzspektrums beim Korkenziehen eignen sich prinzipiell Freeware-Programme für Computer wie *Audacity* [18] oder *Sounds* [19]. Allerdings ist hier die mobile Messwerterfassung mit einem Smartphone im Vorteil. Geeignete Apps sind z. B. Spektroskop (iOS) [4] oder Advanced Spectrum Analyzer (Android) [20].

Der Vorgang des Korkenziehens wird begleitet von Reibung zwischen Kork und Innenwand des Flaschenhalses sowie von schnellen Änderungen des Gasdrucks im Flaschenhals. Dabei entstehen Töne verschiedener Frequenzen. Fasst man die Gassäule im Flaschenhals als einseitig geschlossenes Resonanzrohr auf, dann würde man bevorzugte Resonanzfrequenzen erwarten. Tatsächlich zeigt das Frequenzspektrum einer entsprechenden Tonaufnahme charakteristische Peaks (Abb. 5.13).

Einseitig geschlossene Resonanzrohre („gedackte Pfeifen") weisen am geschlossenen Ende einen Schwingungsknoten, am offenen Ende einen Schwingungsbauch auf. Für die Grundschwingung ergibt sich daraus, dass eine

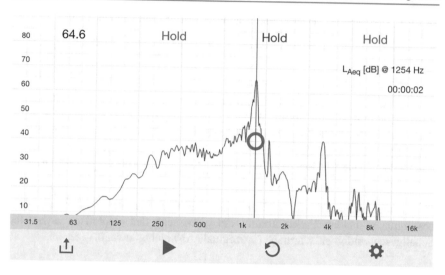

Abb. 5.13 Screenshot einer Messung beim Korkenziehen

Viertel-Wellenlänge in die Resonanzröhre passt (Abb. 5.14). Daraus ergibt sich als Frequenz der Grundschwingung:

$$f_0 = \frac{c_{Gas}}{4L} \tag{5.8}$$

(*L:* Länge der Luftsäule, c_{Gas}: Schallgeschwindigkeit des Gases im Flaschenhals).

Für das Restgas im Flaschenhals soll die vereinfachende Annahme gemacht werden, dass es sich um Luft handelt. Eine genauere Analyse setzte die Berücksichtigung des Alkoholdampfanteils in diesem Volumen voraus. Vergleichende Experimente an mit Wasser gefüllten Flaschen lassen aber diese Vereinfachung als gerechtfertigt erscheinen. Für c_{Gas} kann somit c_{Luft} eingesetzt werden.

Allerdings sollte für eine bessere Abschätzung der Schallgeschwindigkeit die Länge der schwingenden Luftsäule um die Mündungskorrektur ΔL ergänzt werden. In diese geht der Radius R des oberen Endes des Flaschenhalses ein. Für die Mündungskorrektur wird hier folgender Wert eingesetzt [10]:

$$\Delta L = 0{,}61 \cdot R. \tag{5.9}$$

Damit kann die Schallgeschwindigkeit beim Korkenziehen bestimmt werden:

$$c_{Luft} = 4f(L + \Delta L) \tag{5.10}$$

Eine Beispielmessung (Abb. 5.13) an einer 6 cm langen Gassäule und einem Innendurchmesser des Flaschenhalses von 2 cm am oberen Ende ergab eine Resonanzfrequenz von 1254 Hz. Setzt man die Werte für die korrigierte Länge ein, erhält man eine Schallgeschwindigkeit von 332 m · s⁻¹.

Die für dieses Experiment bestimmte Umgebungstemperatur von 23 °C lässt theoretisch eine Schallgeschwindigkeit von 345 m · s⁻¹ erwarten [13]. Der

Abb. 5.14 Flaschenhals als
Resonanzrohr

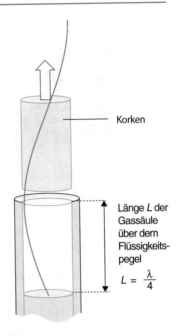

Korken

Länge L der
Gassäule
über dem
Flüssigkeits-
pegel

$$L = \frac{\lambda}{4}$$

relative Fehler liegt somit in der Größenordnung von etwa 4 %, was für ein solch einfaches Experiment akzeptabel ist.

5.1.6 Resonanz im Weinglas

Lutz Kasper

Nachdem in Abschn. 5.1.4 Möglichkeiten der Bestimmung der Schall-geschwindigkeit in Rohren vorgestellt wurden, deren Grundprinzip auf der Mes-sung von Signallaufzeiten beruht, sollen in diesem Kapitel weitere Möglichkeiten zur Messung von Schallgeschwindigkeiten in Luft oder anderen Gasen vorgestellt werden. Diese beruhen auf der Bestimmung von Resonanzfrequenzen in Hohl-körpern. Für solche Messungen bieten sich als überall verfügbare Alltagsgegen-stände Trinkgläser verschiedener Formen an.

Resonanz in geraden Gläsern
Gläser mit annähernd zylinderförmiger Gestalt stellen im akustischen Sinn eine einseitig offene („gedackte") Pfeife dar. Deren Resonanzfrequenz kann gefunden werden, indem man die Öffnung des Glases mit einem breitbandigen Signal, am besten mit einem weißen Rauschen beschallt und die von der Luft im Glas ver-stärkten Frequenzen bestimmt. Beides kann mithilfe von zwei Smartphones oder bei Nutzung einer geeigneten App sogar mit nur einem Gerät realisiert werden [21]. Abb. 5.15 zeigt die einfache Versuchsanordnung sowie ein Schema der zu den ersten beiden Resonanzfrequenzen gehörenden Wellenlängen.

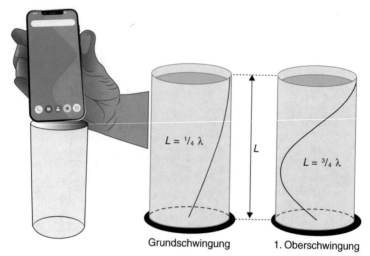

Abb. 5.15 Versuchsanordung und Wellenlängen der ersten beiden Eigenfrequenzen

Für die sehr einfache Messung benötigt man eine App, die ein weißes Rauschen erzeugen kann sowie eine App, die Frequenzen darstellt. Bei der Verwendung der App „Audio Kit" [1] sind beide Funktionen parallel nutzbar, sodass die Messung mit nur einem Gerät durchgeführt werden kann. Es ist bei Verwendung anderer Apps jedoch möglich, ein Gerät das Rauschen erzeugen zu lassen und mit einem zweiten Gerät die Resonanzfrequenz zu bestimmen.

Für die Wellenlängen der Resonanzbedingung bei einseitig offenen Pfeifen gilt:

$$L = m \cdot \frac{\lambda}{4} \quad (\text{mit } m = 1; 3; 5; \ldots). \tag{5.11}$$

Wenn man noch die Mündungskorrektur (vgl. Abschn. 5.1.3) berücksichtigt, dann erhält man bei der ersten Oberschwingung ($m = 1$) für die Wellenlänge:

$$\lambda = 4L' = 4(L + 0{,}61 \cdot R). \tag{5.12}$$

Schließlich kann aus der mit dem Smartphone gemessenen Frequenz und der Wellenlänge die Schallgeschwindigkeit bestimmt werden:

$$c = \lambda \cdot f. \tag{5.13}$$

Für das in Abb. 5.15 gezeigte Beispiel beträgt die gemessene Resonanzfrequenz 684 Hz. Die Abmessungen des Trinkglases sind: $L = 10{,}6$ cm und $R = 3{,}1$ cm. Daraus ergibt sich die Schallgeschwindigkeit zu 342 m · s^{-1}. Die bei der Temperatur von 23 °C theoretisch erwartete Schallgeschwindigkeit (Gl. 5.5) beträgt 345 m · s^{-1}. Die prozentuale Abweichung ist hier mit einem Wert von < 1 % sehr gering.

Untersuchung der Schallgeschwindigkeit in verschiedenen Gasen

Der Vorteil der im letzten Abschnitt vorgestellten Messmethode ist, dass solche Experimente leicht von jedem zu Hause ausgeführt werden können und sich somit als Hausaufgaben-Experiment eignen. Unter Laborbedingungen kann die Messmethode erweitert werden um die Untersuchung der Schallgeschwindigkeit in verschiedenen Gasen. Hierzu werden zylindrische hohe Gläser wie z. B. Messbecher mit dem Gas befüllt. Je nach Dichte des verwendeten Gases werden die Glasöffnungen nach oben oder unten gerichtet (Abb. 5.16).

Beispielmessungen für einige Gase sind in Tab. 5.2 gegeben: Die Abweichungen zwischen gemessenen und theoretisch erwarteten Werten sind auf Luftrückstände in den Gläsern nach dem Füllen mit anderen Gasen zurückzuführen. Für die Arbeit mit dieser Messmethode im Unterrichtseinsatz kann die Genauigkeit jedoch als zufriedenstellend angesehen werden.

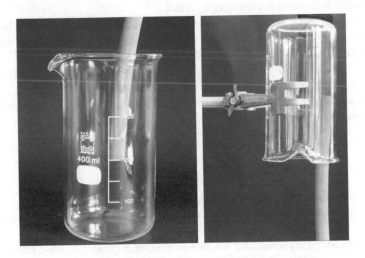

Abb. 5.16 Versuchsanordnung bei Verwendung von Gasen verschiedener Dichte

Tab. 5.2 Schallgeschwindigkeit in verschiedenen Gasen (*[22] bei 1013 hPa und 17,5 °C; ** [23] bei 1013 hPa und 20 °C)

Gas	Resonanz- frequenz (gemessen) in Hz	Schall- geschwindigkeit (aus gemessenen Werten) in m · s^{-1}	Schall- geschwindigkeit (theoretisch erwartet) in m · s^{-1}	Abweichung in %
Luft	567	339	343	1
Sauerstoff	533	333	325*/315**	2*/6**
Kohlenstoff- dioxid	457	268	266*/258**	1*/6**
Methan	598	374	443*/430**	16*/13**

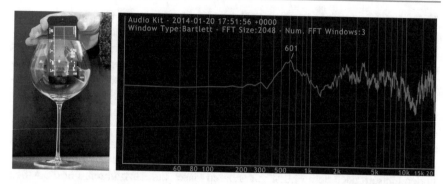

Abb. 5.17 Versuchsanordnung und Messbeispiel bei der Verwendung von bauchigen Gläsern

Helmholtz-Näherung für bauchige Gläser

Die hier vorgestellte Messmethode lässt sich auch auf kugelförmige bzw. bauchige Hohlkörper anwenden. So ist es ebenfalls möglich, z. B. mithilfe eines Rotweinglases wie in Abb. 5.17 die Schallgeschwindigkeit zu bestimmen.

Das Vorgehen erfolgt analog wie für zylindrische Gläser. Weißes Rauschen führt im Resonator zur Verstärkung der Resonanzfrequenzen, die mithilfe einer FFT-App vom Smartphone angezeigt werden. Zur Auswertung ist hier jedoch die Gleichung für Helmholtz-Resonatoren zu verwenden ([13], S. 559):

$$c = 2\pi \cdot f \sqrt{\frac{V \cdot (L + \Delta L)}{A}}, \tag{5.14}$$

f: Resonanzfrequenz (Grundfrequenz), V: Volumen des Hohlraumes, L: Länge des Halses ($L=0$ für Weingläser), ΔL: Mündungskorrektur, A: Öffnungsquerschnitt (Abb. 5.18).

Für die Mündungskorrektur bei dieser Resonatorgeometrie wird hier die von Helmholtz angegebene Korrektur verwendet ([13], S. 557):

$$\Delta L = \frac{\pi}{4} R. \tag{5.15}$$

Setzt man die Messwerte des in Abb. 5.17 gezeigten Beispiels ein ($R = 0,04$ m, $V = 0,7 \cdot 10^{-3}$ m^3, $A = 5,03 \cdot 10^{-3}$ m^2, $L=0$, $f = 601$ Hz, Raumtemperatur: $T = 23$ °C), ergibt sich die Schallgeschwindigkeit zu 353 m · s^{-1}. Die bei der festgestellten Raumtemperatur theoretisch zu erwartende Schallgeschwindigkeit beträgt 345 m · s^{-1}. Somit ist auch bei dieser Messung die Abweichung mit ca. 2 % gering.

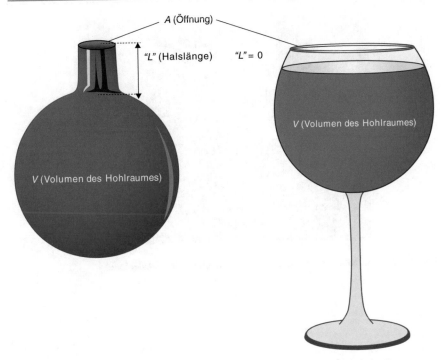

Abb. 5.18 Kenngrößen bei der Schallgeschwindigkeitsbestimmung mit Helmholtz-Resonatoren

5.1.7 Bestimmung der Schallgeschwindigkeit verschiedener Gase mit einer Pfeife

Patrik Vogt

Mithilfe einer handelsüblichen Pfeife (z. B. Hunde-, Bobby- oder Bootsmannpfeife) und einem Smartphone mit Spektroskop-App (z. B. [25]) soll die Schallgeschwindigkeit verschiedener Gase bestimmt werden [24].

Theoretischer Hintergrund

Für das Experiment wird angenommen, dass die Grundfrequenz einer Pfeife f zur Schallgeschwindigkeit des sie durchströmenden Gases c proportional ist. Gestützt wird diese Annahme u. a. durch die Beziehungen für die einseitig gedackte Pfeife ($f = \frac{c_{\text{Luft}}}{4L}$, L Länge der Pfeife), für die beidseitig offene Pfeife ($f = \frac{c_{\text{Luft}}}{2L}$) wie auch durch die Berechnungsgleichung des Helmholtzresonators ($f = \frac{c_{\text{Luft}}}{2\pi} \cdot \sqrt{\frac{A}{V \cdot (l + 2s)}}$, A Querschnittsfläche der Öffnung, l Länge des Halses, s Mündungskorrektur). Das heißt, es gibt eine Konstante k, die von der Geometrie der Pfeife abhängt und dem Quotienten aus Frequenz und Schallgeschwindigkeit entspricht. Sie ist gleichzeitig die reziproke Wellenlänge der in der Pfeife vorhandenen stehenden Welle.

Versuchsdurchführung und Auswertung

Indem man den Ton der Pfeife einer Frequenzanalyse unterzieht, wird zunächst die Konstante k in einem Vorversuch ermittelt (Abb. 5.19). Für die verwendete

Abb. 5.19 Bestimmung der Pfeiffrequenz mit Atemluft (hier Hundepfeife)

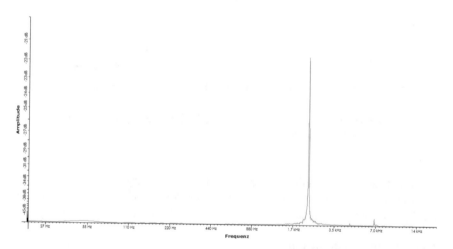

Abb. 5.20 Frequenzspektrum einer Bobbypfeife (einseitig verklebt) und Atemluft, dargestellt mit der Software „Sounds" ($f_{Luft} = 2269$ Hz)

Bobbypfeife ergab sich bei Atemluft eine Eigenfrequenz von 2269 Hz (Abb. 5.20), woraus sich mit der Schallgeschwindigkeit für 20 °C (343 m $\cdot$ s^{-1}) k zu 6,62 m^{-1} ergibt. Anschließend wird die Pfeife an unterschiedliche Gase angeschlossen (Abb. 5.21), die sich ergebenden Frequenzen bestimmt und mit dem zuvor berechneten k die jeweiligen Schallgeschwindigkeiten abgeschätzt. Unter Verwendung von Sauerstoff ergab sich bei der Bobbypfeife eine Frequenz von 2216 Hz, was die Schallgeschwindigkeit zu 335 m $\cdot$ s^{-1} liefert:

$$c_{O_2} = \frac{f_{O_2}}{k} = \frac{2216\,\text{Hz}}{6{,}62\,\text{m}^{-1}} \approx 335\frac{\text{m}}{\text{s}}$$

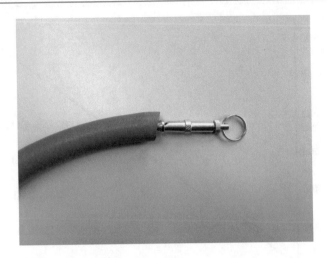

Abb. 5.21 Anschluss der Pfeife an ein Gas

Tab. 5.3 Vergleich von Mess- und Literaturwerten

Gas	Frequenz in Hz	Experimentell bestimmte Schallgeschwindigkeit in m · s^{-1}	Literaturwert in m · s^{-1} (20 °C) [26]	Abweichung in %
Luft	5227	–	343	
CO_2	4287	281	266	6
Ar	4764	313	319	2
N_2	5338	350	349	0
He	15 217	999	981	2

Der Literaturwert liegt für 20 °C bei 326 m · s^{-1} [26], sodass die Abweichung des experimentellen Ergebnisses 3 % beträgt.

Messbeispiel für verschiedene Gase
Die gewonnenen Messwerte wurden mit der in Abb. 5.21 dargestellten Hunde-pfeife durchgeführt. Die sich ergebenden Abweichungen sind unabhängig vom Gas gering (Tab. 5.3, Abb. 5.22), sodass das Experiment aufgrund seiner Einfach-heit wie auch Genauigkeit zum Einsatz im Physikunterricht der Sekundarstufe 1 als besonders geeignet erscheint.

Weiterführende Hinweise
Strenggenommen wird für den Vorversuch keine Luft, sondern einmal inhalierte Atemuft verwendet. Möchte man dies bei der Auswertung berücksichtigen, so lässt sich die Schallgeschwindigkeit der ausgeatmeten Luft aus dem gewichteten Mittel und unter Berücksichtigung der jeweiligen Gasanteile bestimmen

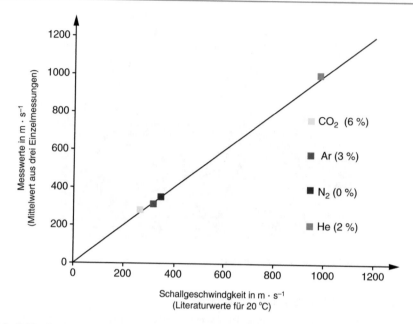

Abb. 5.22 Grafische Gegenüberstellung von Mess- und Literaturwerten; als Referenzlinie wurde die Winkelhalbierende eingezeichnet

(Stickstoff 78 Vol.-%, Sauerstoff 17 Vol.-%, Kohlenstoffdioxid 4 Vol.-%, Argon 1 Vol.-%). Auch die Temperatur der ausgeatmeten Luft liegt sicher etwas über den angenommen 20 °C, was ebenfalls Berücksichtigung finden könnte. Wie die Analysen jedoch zeigen, können in der Unterrichtspraxis beide Effekte getrost vernachlässigt werden.

5.1.8   Schall durch Metall

Stefan Küchemann und Jochen Kuhn

Dieser Abschnitt beschäftigt sich mit einer Reihe von Experimenten, die longitudinale Eigenschwingungen in Metallstangen untersuchen. Neben der longitudinalen Grundschwingung werden bei der breitbandigen Anregung durch den Schlag mit einem Löffel auch verschiedene höhere harmonische Schwingungsmoden durch ihre akustische Signatur mit einem Tablet-PC beobachtet. Die Resonanzfrequenz der Schwingungen wird unter dem Einfluss verschiedener Randbedingungen wie die Anzahl von Fixierungen des Stabes, die Länge des Stabes oder das Stabmaterial aufgezeichnet. Unter anderem wird aus den Messungen die Schallgeschwindigkeit von Longitudinalwellen auf 4 % Genauigkeit im Vergleich zu Literaturwerten verifiziert.

Theoretische Grundlagen
Dieser Beitrag orientiert sich an [27] und [28]. Longitudinale Schwingungen in Festkörpern sind Anregungen bei denen die Schwingungsrichtung und

Ausbreitungsrichtung gleichgerichtet sind. Über die Longitudinalwellen-geschwindigkeit c lassen sich bei Kenntnis weiterer Materialparameter, wie bei-spielsweise der Dichte und dem Poisson-Verhältnis, direkt einige elastische Eigenschaften des Festkörpers, wie beispielsweise das Elastizitätsmodul, sehr genau bestimmen. Daher nimmt die Messung der Longitudinalwellengeschwindig-keit eine wichtige Rolle in der Industrie und Forschung ein und ist somit auch für die Lehre von Bedeutung.

Für einen freien Metallstab der Länge L entstehen harmonische Schwingungen der Ordnung k bei den Frequenzen

$$f_k = (k+1)\frac{c}{2L}. \tag{5.16}$$

Wenn der Stab nun an n Positionen x_i gegeben durch

$$x_i = \frac{L}{n}\left(i - \frac{1}{2}\right) \quad \text{mit } i = 1, \ldots, n \tag{5.17}$$

fixiert wird, entstehen bei einer geeigneten Anregung stehende Wellen, bei denen die Knotenpunkte an den Fixpunkten x_i liegen. Damit ist die Wellenlänge der Grundschwingung (d. h. für die Ordnung $k=0$) bei einem Knotenpunkt $(n=1)\lambda_{1,0} = 2L$, und für Anregungen mit n Knotenpunkten gilt für die Wellen-länge $\lambda_{n,0} = 2L \cdot n^{-1}$. Es folgt für die Resonanzfrequenzen:

$$f_{n,0} = \frac{c}{\lambda_{n,0}} = n\frac{c}{2L} = nf_{1,0}. \tag{5.18}$$

Durch die Fixierungen an den Positionen x_i werden alle geradzahligen har-monischen Schwingungen unterdrückt und nur ungeradzahlige harmonische Schwingungen werden angeregt. Für höhere harmonische Moden gilt also $f_{n,k} = (2k+1)f_{n,0}$. Daraus folgt:

$$f_{n,k} = (2k+1)n\frac{c}{2L} = (2k+1)nf_{1,0}. \tag{5.19}$$

Experimentaufbau
Der Aufbau ist in Abb. 5.23 dargestellt. Für die Aufnahme der akustischen Schwingungen wurde ein Tablet-PC verwendet. Um die Resonanzfrequenz zu bestimmen, wurde die Fourier-Transformation (FFT) mithilfe des Programms Spectrum View gebildet. Die Messergebnisse wurden in einem Spektrogramm dargestellt, um den frequenzabhängigen Schalldruck als Funktion der Zeit zu beobachten. Für eine optimale Darstellung der Ergebnisse wurde eine Aufnahme-rate von 48 kHz mit einer Auflösung von 10 Bit ausgewählt. Das entspricht einem Spektralbereich von 24 kHz mit einer Frequenzauflösung von 50 Hz. Das Experi-ment besteht aus drei Teilen: Im ersten Teil wird der Einfluss der Anzahl von Fixierungen auf die Resonanzfrequenzen beobachtet (Abb. 5.23a). Im zweiten Teil folgt der Einfluss der Stablänge auf das Spektrogramm (Abb. 5.23b) und im letz-ten Teil werden verschiedene Materialien untersucht (Abb. 5.23c).

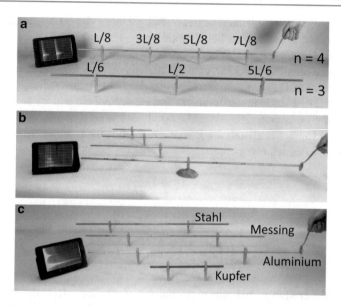

Abb. 5.23 Aufbau zur Untersuchung der Schallgeschwindigkeit in Metallstäben unter verschiedenen Bedingungen. **(a)** Mit einer unterschiedlichen Anzahl n von Wäscheklammern wurden vier Messingstangen fixiert und mit einem Löffel angeschlagen. **(b)** Bei einer einzigen Fixierung wurde der Einfluss der Stablänge getestet. **(c)** Untersuchung der Longitudinalwellengeschwindigkeit in verschiedenen Materialien

Abb. 5.23a zeigt beispielhaft zwei Messingstäbe mit einem Durchmesser von $d = 10$ mm und einer Länge von $L = 1{,}002$ m. Die Metallstäbe wurden mit Wäscheklammern fixiert, wodurch geradzahlige Vielfache der Resonanzschwingung an der Klammerposition stark genug unterdrückt werden. Der obere Stab hat $n = 4$ Fixierungen und der untere $n = 3$ Fixierungen. Die Schwingung wurde durch einen Schlag mit einem Löffel auf das eine Stabende in Richtung der Längsachse des Stabes angeregt. Diese Form der Anregung ist äquivalent zu einer Stimulation mit einem Nadelpuls, welcher ein sehr breites Frequenzspektrum aufweist. Diese Messung wurde für $n = 1, 2, 3, 4$ durchgeführt.

Abb. 5.23b stellt den zweiten Teil des Experiments dar, in dem der Einfluss der Stablänge bei einer einzigen Fixierung bei $L/2$ untersucht wird. In diesem Teil wurden insgesamt sechs Messingstäbe mit den Längen $L = 0{,}252$ m, 0,500 m, 0,750 m, 1,002 m, 1,248 m und 1,501 m verwendet. Um die Resonanzfrequenzen aller Stäbe innerhalb der maximalen Analysezeit von 7 s zu bestimmen, wurden zunächst die Schwingungen aller Stäbe nacheinander in einer einzigen Aufnahme von 5 min aufgezeichnet und anschließend alle überflüssigen Teile mithilfe des Programms Audacity [29] gelöscht. Danach wurde die gekürzte Datei intern in dem Analyseprogramm abgespielt und ausgewertet.

Der Aufbau des letzten Teils der Studie ist in Abb. 5.23c dargestellt. Vier Metallstangen aus Stahl, Messing, Aluminium und Kupfer wurden an je zwei Positionen bei $L/4$ und $3L/4$ fixiert und die Schallgeschwindigkeit gemessen.

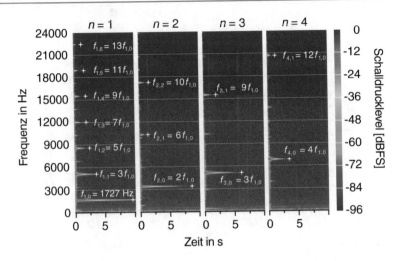

Abb. 5.24 Spektrogramm für $n = 1, 2, 3, 4$ Fixierungen

Auswertung und Diskussion

Das Spektrogramm für $n = 1$, 2, 3, 4 Fixierung eines Messingstabes ist in Abb. 5.24 dargestellt. Es wird deutlich, dass der Grundton in allen vier Fällen deutlich länger als die höheren harmonischen Anregungen schwingt. Aus den Lagen der Resonanzfrequenzen leiten sich zunächst die Zusammenhänge $f_{n,0} = nf_{1,0}$ zwischen verschiedenen Fixierungen und $\Delta f_n = f_{n,k+1} - f_{n,k} = 2nf_{n,0}$ für die Differenzen der ungeraden Resonanzfrequenzen ab. Daraus ergibt sich für den Frequenzunterschied zwischen der Grundschwingung und höheren Anregungen $\Delta f_{n,k} = k\Delta f_n = 2nkf_{1,0}$. Und damit folgt allgemein

$$f_{n,k} = f_{n,0} + \Delta f_{n,k} = nf_{1,0} + 2nkf_{1,0} = (2k + 1)nf_{1,0}, \tag{5.20}$$

der gleiche Zusammenhang wie in 5.19.

Die Berechnung der Resonanzfrequenzen mit Gl. 5.19 bewirkt einen Fehler von 0,5 % und damit kann die Gleichung so verifiziert werden. Abb. 5.25a zeigt die Frequenz des Grundtons $f_{1,0}$ für verschiedene Stablängen. In Abb. 5.25b ist diese Frequenz gegenüber der inversen Stablänge aufgetragen. Aus Gl. 5.19 ergibt sich aus der Steigung einer linearen Regression die Longitudinalwellengeschwindigkeit $c = 3422 \ \text{m} \cdot \text{s}^{-1}$ für Messing.

In Tab. 5.4 sind die Ergebnisse für die Schallgeschwindigkeit in verschiedenen Materialen aufgelistet. Der Fehler der Schallgeschwindigkeit wurde mittels

$$\Delta c_{\text{exp}} = f_{2,0}\Delta L + L\Delta f_{2,0}$$

berechnet.

Es wird deutlich, dass die Messwerte maximal um einen Wert von 3,3 % von den Literaturwerten abweichen. Diese Abweichungen sind dadurch nachvollziehbar, dass die elastischen Eigenschaften von Metallen je nach Vorgeschichte des Materials variieren können. So haben zum Beispiel die Herstellung, mechanische

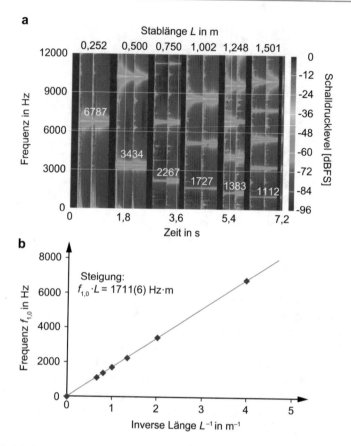

Abb. 5.25 (a) Resonanzfrequenz der Grundschwingung für verschiedene Stablängen. (b) Resonanzfrequenz des Grundtons als Funktion der inversen Stablänge

Tab. 5.4 Schallgeschwindigkeit in verschiedenen Metallen

Material	L in m	$f_{2,0}$ in Hz	c_{exp} in m · s⁻¹	c_{exp}/c_{exp} in %	c_{lit}^a in m · s⁻¹	$(c_{exp} - c_{lit})/c_{lit}$ in %
Messing	1,002	3456	3463	0,3	3480	0,5
Aluminium	1,000	5166	5166	0,2	5000	3,3
Stahl	1,000	5133	5133	0,2	5000	2,7
Kupfer (aus-gelagert)	0,300	13.022	3907	0,4	3810	2,5

[a]Die Literaturwerte stammen aus [27]

Beanspruchungen wie beispielsweise Verformung oder Ermüdung (siehe beispielsweise [29, 32]), chemische Verunreinigungen oder thermische Behandlung (siehe beispielsweise [30] oder [31]) einen maßgeblichen Einfluss auf die elastischen Eigenschaften und damit auch auf die Schallgeschwindigkeit.

5.1.9 Bestimmung der Schallgeschwindigkeit mit Messschieber und Glockenspiel

Patrik Vogt

Allein unter Verwendung eines Messschiebers, eines Glockenspiels aus Nickel (Abb. 5.26) und eines Smartphones soll die longitudinale Schallgeschwindigkeit des Klangplättchen-Materials ermittelt werden [33]. Hierbei macht man sich zunutze, dass zwischen der Tonfrequenz und der Schallgeschwindigkeit ein eindeutiger Zusammenhang besteht. Die quantitative Beschreibung einer solchen Biegeschwingung ist zwar im Allgemeinen sehr komplex, führt aus Geometriegründen hier jedoch auf eine erstaunlich einfache Gesetzmäßigkeit.

Theoretischer Hintergrund
Die Eigenfrequenzen f_k der Biegeschwingungen eines beidseitig freien Stabes betragen

$$f_k = \frac{s_k^2}{2\pi l^2} \sqrt{\frac{E \cdot I_a}{\rho \cdot A}}, \text{ mit} \tag{5.21}$$

$$s_k = \frac{2k+1}{2}\pi \ (k = 1, 2, 3, \ldots) \text{ [13]} \tag{5.22}$$

Dabei sind E der Elastizitätsmodul des Materials, ρ dessen Dichte, l die Stablänge, A die Querschnittsfläche und I_a das axiale Trägheitsmoment. Letzteres ergibt sich für einen Stab mit rechteckigem Querschnitt, wie er bei einem Glockenspiel genutzt wird, zu

$$I_a = \frac{1}{12}bd^3 \text{ [13]} \tag{5.23}$$

(b Breite, d Dicke des Stabes). Einsetzen von s_1, I_a, $A = b \cdot d$ in Gl. 5.21 und Beachtung, dass der Quotient $\sqrt{\frac{E}{\rho}}$ der longitudinalen Schallgeschwindigkeit c_L entspricht, liefert die Grundfrequenz f des

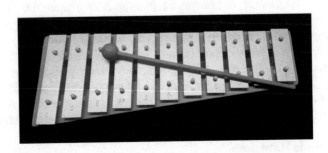

Abb. 5.26 Genutztes Glockenspiel

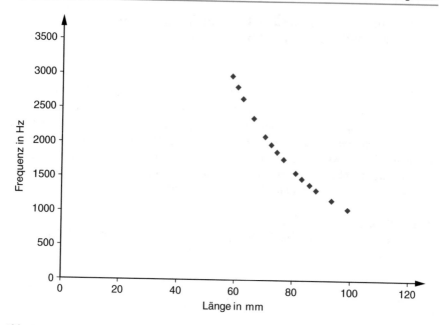

Abb. 5.27 Grafische Darstellung der Messwerte

Stabes zu:

$$f = \underbrace{\sqrt{\frac{27}{256}}\pi}_{\approx 1} \frac{d}{l^2} \cdot c_{\mathrm{L}} \approx d \cdot c_{\mathrm{L}} \cdot \frac{1}{l^2}. \tag{5.24}$$

Abtragen von f gegen $\frac{1}{l^2}$ liefert also eine Gerade der Steigung $m = d \cdot c_L$. Somit führt allein das Vermessen der Klangplättchen des Glockenspiels unter Kenntnis der Tonfrequenzen (diese können recherchiert oder mit einem Smartphone gemessen werden) auf die longitudinale Schallgeschwindigkeit des verwendeten Materials.

Auswertung und Ergebnis

Die Abhängigkeit der Tonfrequenz (Literaturwerte aus [34]) von der mit einem Messschieber ermittelten Stablänge ist in Abb. 5.27 dargestellt. In Übereinstimmung mit Gl. 5.24 erhält man beim Abtragen der Frequenz gegen das reziproke Längenquadrat einen linearen Zusammenhang (Abb. 5.28) mit einer regressionsanalytisch bestimmten Steigung von $(10{,}24 \pm 0{,}03)$ m$^2 \cdot$ s^{-1} und einem Bestimmtheitsmaß nahe eins ($R^2 > 0{,}999$). Mit einer gemessenen Plättchendicke von $(2{,}1 \pm 0{,}005)$ mm ergibt sich die Schallgeschwindigkeit in Nickel zu $c_{\mathrm{L}} = \frac{m}{d} \approx (4876 \pm 39)\,\frac{m}{s}$, was mit einer erstaunlich geringen relativen Abweichung von 0,5 % sehr gut mit dem Literaturwert (4900 m $\cdot$ s^{-1} [35]) übereinstimmt.

Weiterführende Hinweise

• Statt die Literaturwerte der Tonfrequenzen zu verwenden, können diese auch experimentell bestimmt werden. Am einfachsten kommt hierzu ein Smartphone mit Frequenzanalyse-App zum Einsatz (z. B. Schallanalysator [25]).

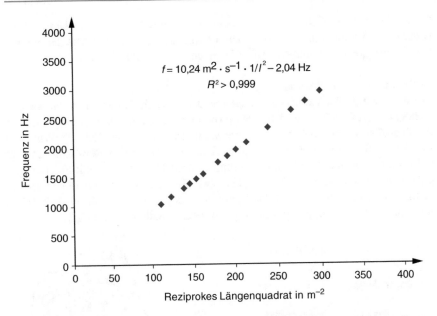

Abb. 5.28 Abtragen der Frequenz gegen das reziproke Längenquadrat liefert einen linearen Zusammenhang. Der Ordinatenabschnitt ist dabei nicht signifikant

- Möchte man das Experiment im Schulunterricht durchführen, so ist eine Herleitung der Berechnungsgleichung nicht möglich, jedoch können zumindest die „Je-desto-Abhängigkeiten" qualitativ begründet werden:
  1) f nimmt mit d zu, da die Rückstellkraft bei einer elastischen Verformung mit d größer wird.
  2) f nimmt mit der Länge ab, da die zur Grundfrequenz gehörende Wellenlänge mit der Größe des tonerzeugenden Elements zunimmt.
  3) f ist proportional zur Schallgeschwindigkeit, da letztgenannte dem Quotienten aus Wellenlänge und Periodendauer entspricht.
- Das Experiment kann auch mit Klangstäben kreisrunden Querschnitts oder auch mit Stativstangen durchgeführt werden (Abschn. 5.1.8). Zu beachten ist, dass diese analog zu einem Glockenspiel an den Knotenpunkten der Biegeschwingung unterstützt werden müssen (eine Berechnungsmöglichkeit findet man in [13]).

5.1.10 Frequenzabhängigkeit der Hörschwelle – ein Analogieexperiment

Patrik Vogt

In einem Analogieexperiment soll die Frequenzabhängigkeit der Hörschwelle bzw. das frequenzabhängige Lautstärkeempfinden veranschaulicht werden. Einen wichtigen Beitrag hierfür liefert der äußere Gehörgang, der als Resonanzröhre wirkt und Frequenzen nahe seiner Eigenfrequenz verstärkt [36].

Da der äußere Gehörgang mit dem Trommelfell abschließt, kann er als gedackte Pfeife modelliert werden, deren Länge gerade einem Viertel der zur ersten Eigenfrequenz gehörenden Wellenlänge entspricht (Abb. 5.29).

Aufbau und Durchführung

In Analogie zum Außenohr, bestehend aus Ohrmuschel, Ohrläppchen und äußerer Gehörgang (Abb. 5.29), wird für das Experiment ein Trichter verwendet, dessen Ausflussöffnung mit Klebeband – es repräsentiert das Trommelfell – verschlossen ist (Abb. 5.30). Die Trichteröffnung wird mit einem weißen Rauschen (erzeugt z. B. mit einem Smartphone und der App „Audio Kit" [1] oder mit einem Computer und der Software „Audacity" [18] bzw. „Reaper" [37]) beschallt und gleichzeitig das so hervorgerufene Schallspektrum analysiert (z. B. mit einem zweiten Smartphone und der App „Spektroskop" [4] oder Schallanalysator [23].

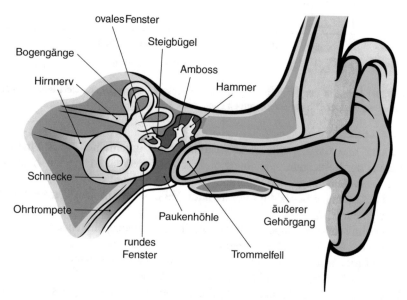

Abb. 5.29 Aufbau des menschlichen Ohrs. (Quelle: https://www.hoerakustik-droest.de/gehoer/)

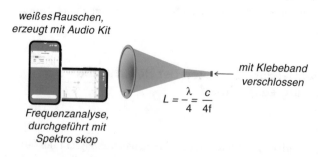

Abb. 5.30 Versuchsaufbau

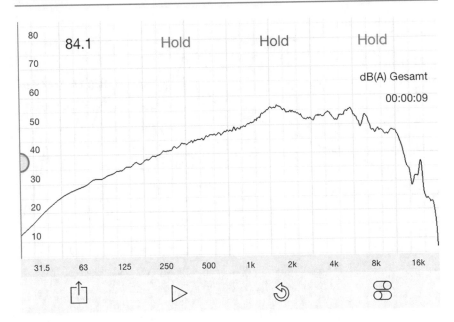

Abb. 5.31 Frequenzspektrum des Rauschens, aufgenommen mit der App Spektroskop (ohne Trichter)

Beispielmessung

Das Ergebnis einer Beispielmessung wird in den Abb. 5.31 und 5.32 wiedergegeben: Zunächst wurde das weiße Rauschen ohne Trichter einer Frequenzanalyse unterzogen, um auszuschließen, dass auftretende Spektrallinien im interessierenden Frequenzbereich von dem verwendeten Lautsprecher bzw. dem Mikrofon selbst verursacht werden (Abb. 5.31) – dies ist offenkundig nicht der Fall. Abb. 5.32 zeigt dagegen das Schallspektrum mit Trichter, dessen Grundfrequenz f bei 1447 Hz liegt. Diese Eigenfrequenz liefert unter Annahme einer gedackten Pfeife und unter Vernachlässigung der Mündungskorrektur [10] folgende Rohrlänge L:

$$L = \frac{c}{4f} = \frac{348,7 \, \text{m} \cdot \text{s}^{-1}}{4 \cdot 1447 \, \text{Hz}} \approx 6 \, \text{cm}$$

($c = 348,7$ m · s^{-1} Schallgeschwindigkeit bei 29 °C [8], Lufttemperatur bei Durchführung des Experiments). Eine Messung der Stutzenlänge mittels Maßstab liefert eine Länge von 7 cm, was recht gut mit der akustischen Bestimmung übereinstimmt.

Beeinflussung der Hörschwelle durch den Gehörgang

Die menschliche Hörschwelle ist stark frequenzabhängig, wie man in Abb. 5.33 gut erkennen kann. Im Bereich zwischen 3500 bis 4000 Hz ist das menschliche Gehör etwa 3000-mal empfindlicher als in den Grenzbereichen des Hörspektrums.

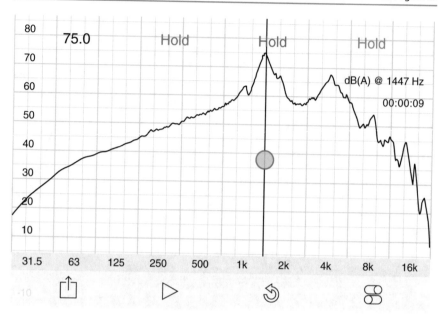

Abb. 5.32 Frequenzspektrum, aufgenommen mit Trichter

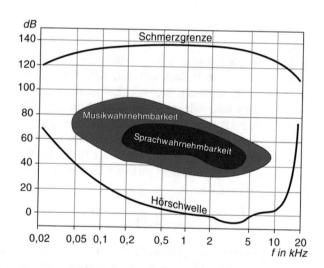

Abb. 5.33 Hörkurve des Menschen. (Quelle: https://de.wikipedia.org/wiki/H%C3%B6rschwelle#/media/Datei:Hoerflaeche.svg)

Dass der äußere Gehörgang durch Eigenresonanz einen wichtigen Beitrag zur Frequenzabhängigkeit der Hörschwelle liefert, lässt sich mit einer einfachen Rechnung untermauern: Wir gehen davon aus, dass es sich beim äußeren Gehörgang um eine 2 bis 2,5 cm lange gedackte Pfeife handelt [38]. Für die Wellenlänge λ der Grundschwingung einer gedackten Pfeife der Länge *L* gilt näherungsweise die

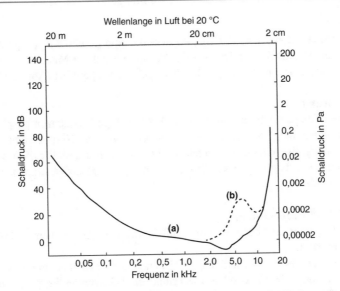

Abb. 5.34 (a) Hörkurve eines gesunden Gehörs eines 20-Jährigen, (b) Hörkurve für ein durch einen Kopfhörer geschädigtes Gehör, in Anlehnung an [39]

Beziehung $\lambda = 4L$ bzw. $L = \frac{c}{4f}$ (c: Schallgeschwindigkeit in Luft (344 m · s^{-1} bei 20 °C), f: Frequenz der Grundschwingung).

Einsetzen der Zahlenwerte liefert eine Länge von 2,2 bis 2,5 cm, was sehr gut mit der angegebenen Länge des äußeren Gehörgangs übereinstimmt.

Weiterführende Hinweise
Aufgrund der immer stärkeren Verbreitung von Smartphones und deren Verwendung zum Streamen von Musik bei den Jugendlichen soll hier auch die Gefahr einer übermäßigen Kopfhörernutzung angesprochen werden (Abb. 5.34). Neben einem oftmals zu hohen Schalldruck führt ein einfaches physikalisches Phänomen zu einer zusätzlichen Belastung des Gehörs: Durch den Kopfhörer ist der äußere Gehörgang beidseitig gedackt, weshalb seine Grundfrequenz doppelt so hoch ist. Es gilt dann nämlich: $f = \frac{c}{2L}$. Dadurch erfährt das Gehör eine starke Belastung in einem Frequenzbereich, für die es in dieser Intensität nicht ausgelegt ist [39].

5.2   Akustische Schwebung

Michael Hirth, Jochen Kuhn und Patrik Vogt

Werden zwei Sinustöne, deren Frequenzen nahe beieinanderliegen, gleichzeitig wiedergegeben, entstehen Schwebungen. Einerseits können diese einfach erzeugt und qualitativ wahrgenommen, andererseits können die Oszillogramme von Schwebungen aufgenommen und der Zusammenhang von Ausgangsfrequenzen und Schwebungsfrequenz quantitativ untersucht werden [40–42].

Vorbereitung

Auf zwei Smartphones wird der Tongenerator der App „Audio Kit" [1] geöffnet und die Lautstärke in der App und an den Geräten jeweils auf das Maximum gestellt. Im dritten Smartphone wird die App „Oscilloscope" [3, 43] geöffnet (Abb. 5.35).

Durchführung

Die beiden Tongeneratoren können zunächst beliebige Frequenzen abspielen und der Zusammenklang der Töne wahrgenommen werden. Nun werden die Frequenzen sukzessive einander angenähert, bis sie im Extremfall gleich sind. Von verschiedenen Schwebungen können die Oszillogramme aufgenommen und ausgewertet werden.

Ergebnis und Beobachtung

Das Oszillogramm in Abb. 5.36 wurde mit Sinustönen der Frequenz 1000 Hz und 1050 Hz erzeugt.

Beim Hören des Zusammenklangs der Töne mit $f_1 = 1000$ Hz und $f_2 = 1050$ Hz kann man einen „vibrierenden" Ton wahrnehmen. Nähert man die Frequenzen einander an, hört man, dass die Lautstärke des Tons periodisch lauter und leiser wird. Je näher die Frequenzen beieinanderliegen, desto länger ist eine Periode. Sind beide Frequenzen gleich, wird keine Schwebung mehr wahrgenommen.

Nimmt man das Oszillogramm der Schwebung mit den genannten Frequenzen auf, so kann einerseits der Höreindruck („vibrierend", periodisch laut und leise) eindrucksvoll mit der Form der variierenden Amplitude in Beziehung gesetzt werden. Zum anderen kann man die Periodendauer der Schwebung zu 20 ms folgern, was einer Schwebefrequenz von 50 Hz entspricht.

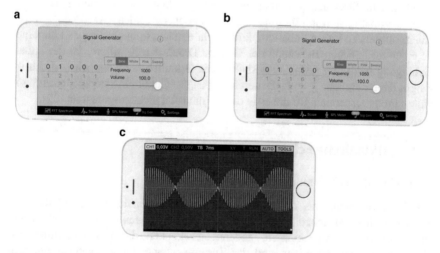

Abb. 5.35 Experimentieranordnung, verwendete Apps „Audio Kit" und „Oscilloscope"

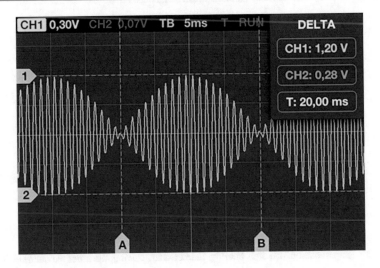

Abb. 5.36 Oszillogramm einer Schwebung

Erklärung

Die akustische Schwebung ist ein Beispiel des Prinzips der ungestörten Überlagerung von Schallwellen (Superpositionsprinzip). Abb. 5.37 veranschaulicht
diesen Sachverhalt für Sinusschwingungen nahezu gleicher Frequenz. Bei (a)
addieren sich die Schwingungsamplituden gerade zu einem Maximum, während
bei (b) die entgegengesetzten Schwingungsamplituden sich zu 0 addieren.

Sehr einfach kann die Schwebefrequenz mithilfe von Zeigerdiagrammen
abgeleitet werden. Seien $f_1 < f_2$ mit $2f_1 \geq f_2$ die Frequenzen der Sinustöne. Zum
Zeitpunkt $t_0 = 0$ haben beide Schwingungen die gleiche Phasenlage, die Zeiger
weisen also in dieselbe Richtung. Nach der Periodendauer T_S einer Schwebung
hat der schnellere Zeiger mit der Frequenz f_2 den langsameren mit der Frequenz f_1
gerade zum ersten Mal eingeholt. Es gilt demnach für den zurückgelegten Phasen-
winkel:

$$\varphi_2(T_S) = \varphi_1(T_S) + 2 \cdot \pi \Leftrightarrow 2 \cdot \pi \cdot f_2 \cdot T_S = 2 \cdot \pi \cdot f_1 \cdot T_S + 2 \cdot \pi. \quad (5.25)$$

Mit $T_S = f_S^{-1}$ folgt nun: $f_S = f_2 - f_1$

Die theoretisch zu erwartende Schwebefrequenz von 50 Hz bei der Überlagerung der Töne mit $f_1 = 1000$ Hz und $f_2 = 1050$ Hz konnte durch oben gezeigte
Messung reproduziert werden.

Tipps, Variationen und Sicherheitshinweise

Der oben aufgeführte Screenshot des Oszillogramms einer Schwebung in
Abb. 5.36 zeigt einen nahezu perfekten Schwebungsknoten (vollkommene Schwebung). Bei der Messung wird dies nur realisiert, wenn die Schalldruckamplituden
der beiden Töne am Ort der Schalldetektion gleich sind. Unsere Erfahrungen zeigen, dass die Smartphones trotz gleich eingestellter Lautstärken nicht gleich laut

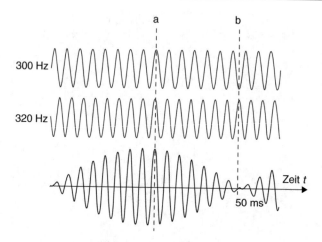

Abb. 5.37 Superposition von sich überlagernden Schallschwingungen der Frequenzen 300 Hz und 320 Hz

ertönen. Die Folge ist, dass die Amplitude des Schalldruckes bei den Schwebungs-knoten von null verschieden ist (unvollkommene Schwebung).

Der empirische Nachweis, dass die wahrgenommene Tonfrequenz sich als Mittelwert der Ausgangsfrequenzen ergibt, ist schwierig, aber nicht unmöglich. Hier sollten große Frequenzen (>1000 Hz) und die beiden Frequenzen nicht zu nahe beieinanderliegend gewählt werden. Immerhin kann bei sorgfältigem Aus-messen der Periodendauer des wahrnehmbaren Tons nachgewiesen werden, dass die entsprechende Frequenz zwischen den Ausgangsfrequenzen liegt.

5.3 Doppler-Effekt

5.3.1 Der Frequenz auf der Spur

Pascal Klein

Im Folgenden wird ein traditionelles Experiment zum Doppler-Effekt beschrieben, welches ein Smartphone mit eingebautem Lautsprecher als Schallquelle und einen Tablet-Computer mit eingebautem Mikrofon als Schallempfänger nutzt, um den Wert der Schallgeschwindigkeit zu bestimmen. Das Experiment wird mit Ultra-schall und einer Schallquelle auf einer rotierenden Scheibe umgesetzt, wodurch sich die Doppler-Verschiebung mithilfe des aufgenommenen Frequenzspektrums besonders gut messen lässt. Aus dem aufgenommenen Frequenzspektrum lässt sich unter Kenntnis der experimentellen Parameter die Schallgeschwindigkeit c in guter Übereinstimmung zu Literaturwerten bestimmen. Das Experiment wird in ähnlicher Form in [44] und [45] beschrieben.

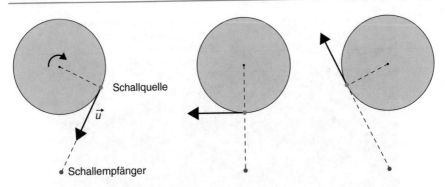

Abb. 5.38 Position von Schallquelle (rot) und Schallempfänger (blau) für den Fall einer maximalen (links), minimalen (rechts) und keiner Frequenzverschiebung (mittig) aufgrund der Relativgeschwindigkeit bei einem Umlauf der Scheibe

Theoretische Grundlagen

Die Verschiebung zwischen Sendefrequenz f_S einer bewegten Schallquelle und detektierter Frequenz f_D an einem ruhenden Empfänger ist gegeben durch

$$\Delta f = f_D - f_S = \pm f_S \frac{1}{\frac{c}{u} \mp 1}, \tag{5.26}$$

wobei die oberen Vorzeichen für Annäherung, die unteren Vorzeichen für eine Entfernung der Schallquelle vom Sender und u für die Geschwindigkeit des Senders stehen. Rotiert der Schallsender auf einer Scheibe mit konstanter Winkelgeschwindigkeit, so ändert sich die Relativgeschwindigkeit zwischen Sender und Empfänger während eines Umlaufs ständig (Abb. 5.38). Erwartet wird also ein breites Frequenzspektrum, welches um die mittlere Frequenz f_S verteilt ist. In zwei ausgezeichneten Positionen wird eine maximale und eine minimale Frequenzverschiebung detektiert, nämlich genau dann, wenn sich der Sender direkt auf die Schallquelle zu- oder wegbewegt. Nach Gl. 5.26 kann aus diesen beiden Extremwerten die Schallgeschwindigkeit zu

$$c = u/(1 - \frac{f_S}{f_{D,max}}) = u/(\frac{f_S}{f_{D,min}} - 1) \tag{5.27}$$

bestimmt werden. Dabei sind $f_{D,max}$ bzw. $f_{D,min}$ die maximalen bzw. minimalen Frequenzen des breiten Frequenzspektrums.

Aufbau des Experiments und Messung der Doppler-Verschiebung

In Abb. 5.39 ist der Aufbau des Experiments schematisch und in real dargestellt: Ein Smartphone wird auf einer motorgetriebenen Scheibe montiert und eine Sendefrequenz von $f_S = 19$ kHz eingestellt. Dies erfolgt mit der Applikation Audio Kit, die eine freie Frequenzwahl in 10 Hz Schritten bis zu 19 kHz zulässt. Diese Frequenz wählt man, um erstens keine Störungen durch (deutlich

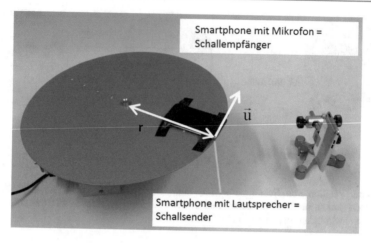

Abb. 5.39 Bild des Versuchsaufbaus: Die genaue Position von Lautsprecher und Mikrofon ist gelb markiert

niederfrequenteren) Umgebungslärm zu messen, zweitens unangenehme Störungen des Experimentators durch hörbare Töne zu vermeiden und drittens geringere Umlaufgeschwindigkeiten für eine hohe Frequenzverschiebung nutzen zu können (siehe Gl. 5.26).

Zur Bestimmung der Bahngeschwindigkeit des Schallsenders wird die Zeit für eine Umdrehungen der Platte (T) gemessen und der Zusammenhang

$$u = \frac{2\pi r}{T} \tag{5.28}$$

ausgenutzt, wobei r den Abstand zwischen der Schallquelle (Lautsprecher) und Drehzentrum bezeichnet. Die App Spektroskop wird genutzt, um das Frequenzspektrum des Schallsignals über mehrere Umläufe zu detektieren und zu glätten; die App erlaubt es, die Daten für die anschließende Analysen zu exportieren. Das Experiment wird für verschiedene Rotationsgeschwindigkeiten der Platte – und damit verschiedenen Bahngeschwindigkeiten u – wiederholt.

Experimentelles Ergebnis

Das Ergebnis ist in Abb. 5.40 dargestellt. Wie vermutet, liegen breite Frequenzbänder vor, die umso breiter werden, je größer die Bahngeschwindigkeit der Schallquelle ist (größere Doppler-Verschiebung). Die Intensität der Frequenzen fällt an den Rändern des Spektrums ab und erlaub eine Bestimmung der minimalen und maximalen Verschiebungsfrequenz. Die Form der Verteilung ist leicht asymmetrisch, was auf die Orientierung des Lautsprechers relativ zur Schallquelle zurückzuführen ist: Der Lautsprecher besitzt eine bevorzugte Abstrahlrichtung. Nähert sich das Smartphone dem Detektor, ist die Seite mit dem Lautsprecher dem Detektor zugewandt, beim Entfernen abgewandt. Dies beeinflusst nicht die Frequenzen, aber deren Intensität.

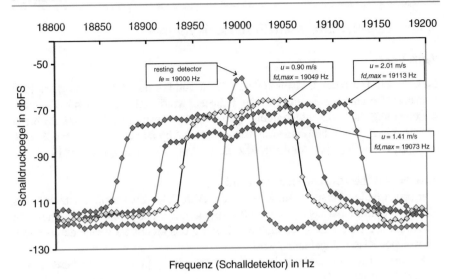

Abb. 5.40 Detektierte Frequenzbänder während des Umlaufs für drei verschiedene Rotations-geschwindigkeiten und Referenzsignal (19 kHz)

Tab. 5.5 Bestimmung der Schallgeschwindigkeit

u in ms^{-1}	$f_{\mathrm{D,max}}$ in Hz[a]	c in ms^{-1} [b]	$(c-c_r)/c_r$ in % [c]
0,90	19.049	350,0	2,0
1,41	19.078	344,9	0,6
2,01	19.113	340,0	0,9

[a] Werte von Abb. 5.40
[b] Berechnung gemäß Gl. 5.29
[c] Abweichung vom Referenzwert $c_r = 343$ ms^{-1}

Analyse

In Tab. 5.5 wurde die Schallgeschwindigkeit für drei verschiedene Rotations-geschwindigkeiten der Platte bestimmt, indem die maximalen Frequenzver-schiebungen aus den Messwerten extrahiert wurden. Die Abweichungen vom Literaturwert betragen etwa 2 %.

Schlussfolgerung

Das Experiment zeigte, wie die Schallgeschwindigkeit aus der Theorie des Dopp-ler-Effekts unter Verwendung von zwei mobilen Endgeräten bestimmt werden kann. Die Mikrofone und die interne Signalverarbeitung der Smartphones sind genügend sensitiv, um Frequenzen mit einem Unterschied von 6 Hz bei einer Fre-quenz von ca. 20.000 Hz aufzulösen. Dies ermöglicht eine Messung des Dopp-ler-Effekts im Ultraschallbereich, sodass schon geringe Relativgeschwindigkeiten von wenigen Metern pro Sekunde genügen.

5.3.2 Doppler-Effekt und Erdbeschleunigung

Patrik Vogt

Emittiert ein frei fallendes Mobiltelefon einen Ton konstanter Frequenz f_0, so lässt sich über die auftretende und mit der Fallgeschwindigkeit zunehmende Dopplerverschiebung die Erdbeschleunigung g recht genau bestimmen [46, 47]. Es bietet sich an, hierzu ein Smartphone mit Tongenerator-App zu verwenden, für iOS z. B. die App „Audio Kit" [1], für Android z. B. die App „Frequenzgenerator" [48].

Aufbau und theoretischer Hintergrund
Den prinzipiellen Versuchsaufbau zeigt die Abb. 5.41. Zu beachten ist, dass das Mikrofon unmittelbar neben dem Auftreffpunkt des Smartphones positioniert sein muss und der freie Fall – um eine Schädigung des Geräts zu vermeiden – durch ein weiches Kissen abgefangen wird.

Für die auftretende und mit dem PC zu messende Doppler-Verschiebung Δf gilt in guter Näherung [44]:

$$\Delta f \approx f_0 \frac{v}{c}. \tag{5.29}$$

Abb. 5.41 Versuchsaufbau zur g-Bestimmung; das Mikrofon kann ggf. durch ein Headset oder ein weiteres Smartphone mit Tonaufnahmefunktion ersetzt werden

(*v*: Fallgeschwindigkeit des Handys, *c*: Schallgeschwindigkeit in Luft) und mit $v = g \cdot \Delta t$

$$\Delta f \approx f_0 \frac{g \cdot \Delta t}{c} \qquad (5.30)$$

(Δt: Fallzeit). Ist die emittierte Frequenz konstant, so ist nach 5.30 Δf näherungsweise proportional zu Δt und der Quotient

$$\frac{f_0 \cdot g}{c} \qquad (5.31)$$

kann als Steigung *m* einer Geraden angesehen werden. Nach Aufnahme der Messwerte und Bestimmung der Geradengleichung mittels linearer Regression wird die ermittelte Steigung zur Berechnung der Erdbeschleunigung herangezogen. Es gilt:

$$g \approx \frac{m \cdot c}{f_0}. \qquad (5.32)$$

Auswertung

Die Abb. 5.42 zeigt ein Messbeispiel für ein aus einer Höhe von ca. 2,20 m fallendes Smartphone, welches einen Ton von 4 kHz emittiert[1]. Die der Darstellung zugrunde liegenden Messwerte können aus der Grafik herausgelesen oder sehr komfortabel als TXT-Datei exportiert werden. Eine grafische Darstellung der zeitabhängigen Doppler-Verschiebung geht aus Abb. 5.43 hervor; im Einklang mit der Theorie (Gl. 5.30) ist die Frequenzänderung Δf offenkundig proportional zur Fallzeit Δt.

Anwenden der linearen Regression führt auf die Geradengleichung

$$\Delta f = 115 \frac{1}{s^2} \cdot \Delta t - 2,1 \, \text{Hz}, \qquad (5.33)$$

mit einem adjustierten Bestimmtheitsmaß von 0,98 und einem Steigungsfehler von $\pm 2 \, s^{-2}$. Einsetzen der Zahlenwerte in Gl. 5.32 ergibt mit einer Schallgeschwindigkeit in Luft von 343 m · s^{-1} (bei 20 °C) die Fallbeschleunigung zu

$$g = (9,9 \pm 0,2) \frac{m}{s^2}. \qquad (5.34)$$

Es zeigt sich, dass mit dem beschriebenen Vorgehen die Erdbeschleunigung mit einer akzeptablen Genauigkeit bestimmt werden kann. Der Literaturwert von 9,81 m · s^{-2} liegt im Fehlerbereich der Messung.

---

[1]Da die Doppler-Verschiebung mit der Ausgangsfrequenz zunimmt ($\Delta f \sim f_0$), sind zur Verringerung der Anforderungen an die Auswertesoftware sowie des relativen Fehlers möglichst hohe Frequenzen zu verwenden. Die Sendefrequenz wird jedoch vom Frequenzgang des Handylautsprechers und des verwendeten Mikrofons nach oben begrenzt, weshalb man sich – sofern keine Datenblätter vorliegen – experimentell an die für die Versuchsanordnung ideale Ausgangsfrequenz herantasten muss.

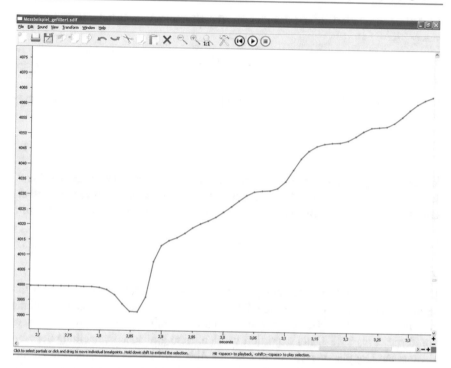

Abb. 5.42 Vom Mikrofon registrierter Frequenzverlauf, dargestellt mit der Auswertesoftware SPEAR [49]

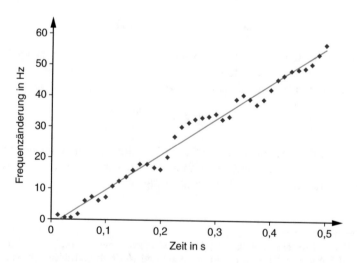

Abb. 5.43 Ergebnis der linearen Regression

5.4 Klänge in Natur und Alltag

5.4.1 Flügelschlagfrequenzen von Insekten

Lutz Kasper

Die Flugfertigkeit von Insekten ist faszinierend und bislang unerreicht von unserer Ingenieurkunst. Ungeachtet dessen steht das Know-how um die Manövrierfähigkeit der winzigen Flugobjekte zunehmend im Fokus von Bionik und anderer Forschungsfelder. Auch für den Physikunterricht bietet es ein großes inhaltliches Potential bei hervorragender Anbindung an Alltags- bzw. Naturphänomene. Im Folgenden wird gezeigt, wie man sich mit Smartphones dem anspruchsvollen Thema auf verschiedenen Niveaustufen nähern kann. Dafür leisten die akustischen Daten eines Smartphone-Mikrofons sehr gute Dienste.

Im Sommerhalbjahr stehen Insekten als Studienobjekte in nahezu unbeschränkter Anzahl bei gleichzeitig großer Vielfalt zur Verfügung. Ein „Wald- und Wiesenprojekt" bietet dabei genauso hervorragende Möglichkeiten wie eine Studie der gelegentlich an den Fensterscheiben der Schule oder in den Terrarien der Biologie-Sammlung auffindbaren Hautflügler.

Der Insektenflug lässt sich mit Stichworten wie *Bionik* oder *naturorientiertes Lernen* verknüpfen. Insbesondere die Bionik kann dabei als interdisziplinäres Projekt dienen, in dem Fragen nach Strategien und Methoden der Bionik oder dem Zusammenhang von Bionik und Evolution nachgegangen werden kann. In einem komplexeren Projekt ließe sich eine thematische Leitlinie *Flugsamen – Vogelflug – Insektenflug – technische Fluggeräte* entwickeln. Hierbei kommen durch wiederholte Vergleiche „technischer" Lösungen Fragen nach evolutionären Gestaltungsprinzipien wie auch technologischen „Analogien" auf. Die hier vorgestellte akustische Messmethode lässt sich sehr gut mit den Möglichkeiten optischer Highspeed-Kameras kombinieren und ergänzen [50].

Als Motivation für dieses Projekt kann die oft gehörte Aussage dienen, wonach Hummeln nach den Regeln der Physik eigentlich nicht fliegen dürften. Dafür, dass sie es offensichtlich doch können, muss es schließlich (physikalische) Gründe geben.

Die akustische Bestimmung von Flügelschlagfrequenzen setzt voraus, dass solche Insekten untersucht werden, deren Flügel sich in einer hörbaren Frequenz bewegen. Leitfragen bzw. -begriffe zum Verständnis des Insektenfluges führen zunächst zu einem Vergleich von *Flächenbelastungen* der Tragflügel verschiedener Objekte wie Insekten, Vögel und Flugzeugen. Allerdings zeigt sich hier tatsächlich der Widerspruch zur Flugfähigkeit z. B. einer Hummel. Zur Aufklärung trägt hier wesentlich der Begriff der *Reynoldszahl* bei. Sehr deutliche Unterschiede (kleine Re-Zahlen für Insekten, große für Vögel und extrem große Re-Zahlen für Flugzeuge) weisen auf unterschiedliche Mechanismen der Auftriebserzeugung hin. Ein vollständiges Verständnis des Insektenfluges erfordert die gleichzeitige Berücksichtigung von Flügelschlagfrequenz und Translationsgeschwindigkeit der Insekten. Die so genannte *reduzierte Frequenz* enthält beide Größen. Details und Beispielwerte sind in [50] zu finden.

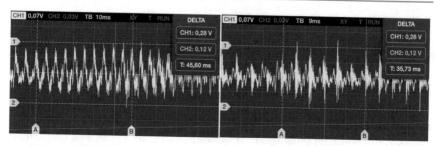

Abb. 5.44 Screenshots der App „Oscilloscope" (iOS) für das Summen einer Biene (links) und einer Wespe (rechts)

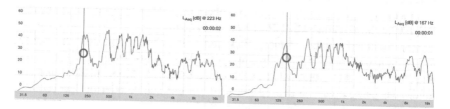

Abb. 5.45 Screenshots der App „Spektroskop" (iOS) für das Summen einer Biene (links) und einer Wespe (rechts)

Die akustische Bestimmung der Flügelschlagfrequenz kann in freier Natur mithilfe des Smartphone-Mikrofons und einer geeigneten Oszilloskop-App erfolgen. Damit lässt sich z. B. ein Oszillogramm erzeugen, aus dem die Frequenz bestimmt werden kann. Oder man nutzt eine App, die direkt ein Frequenzspektrum erzeugt (z. B. Spektroskop für iOS [4] oder Spaichinger Schallanalysator für iOS [25] und Android [51]), bei dem dann die Grundfrequenz abgelesen werden kann. Beispiele für je eine fliegende Biene und eine Wespe zeigen Abb. 5.44 und 5.45.

Die Messungen zeigen, dass die Flügelschlagfrequenz der Biene bei etwa 220 Hz und bei der Wespe bei etwa 160–170 Hz liegt. Wiederholte Messungen an vielen verschiedenen Tieren zeigen eine nur geringe Varianz. Die Flügelschlagfrequenzen der Insekten können insofern als artspezifisch betrachtet werden.

Im Vergleich mit Vögeln zeigt sich schließlich für Insekten, dass diese bei niedrigen Reynoldszahlen und hohen reduzierten Frequenzen fliegen. Für die Auftriebserzeugung bedeutet das, dass der Insektenflug viel stärker von instationären Strömungseffekten geprägt ist als der Vogelflug.

5.4.2 Akustische Artbestimmung bei Klopfspechten

Lutz Kasper

Diese Situation ist sicher den meisten Menschen bekannt: Man läuft im Frühjahr oder Sommer durch einen Park oder Wald und hört einen Specht klopfen. Allerdings sieht man diese Vögel weitaus seltener als man sie hört. Lässt sich dennoch

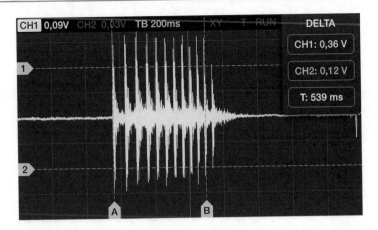

Abb. 5.46 Trommelwirbel eines Buntspechts

herausfinden, um welche Art von Specht es sich handelt? Mithilfe eines Smart-phones lässt sich eine Artbestimmung auf akustische Weise bewerkstelligen. Dabei wird ausgenutzt, dass Spechten jeweils artspezifische Klopffrequenzen eigen sind und die Arten sich darüberhinaus auch in den Längen ihrer „Trommelwirbel" unterscheiden.

Mit einer geeigneten Akustik-App, die Oszillogramm-Darstellungen ermög-licht, lassen sich die Trommelsignale von Spechten einfach analysieren Abb. 5.46 zeigt das Oszillogramm eines trommelnden Buntspechts *(Dendrocopos major)* und Abb. 5.47 das eines Grünspechts *(Picus virides)*. Den beiden Screenshots kön-nen die für die Artbestimmung geeigneten Kennwerte entnommen werden.

Buntspecht: Trommelfrequenz $f = 19$ Hz; Trommelwirbel-Länge $t = 0,7$ s.

Grünspecht: Trommelfrequenz $f = 24$ Hz; Trommelwirbel-Länge $t = 1,2$ s.

Die Messwerte von Trommelfrequenz und Wirbellänge zeigen bei beiden Spechtarten jeweils deutliche Unterschiede. Die ermittelten Werte können als repräsentativ angesehen werden und sind von der Literatur bestätigt [52, 53]. Somit kann anhand solcher einfacher Aufnahmen mit guter Sicherheit auf die Art des trommelnden Spechts geschlossen werden.

Schließlich erlauben die Analysen auch den Einstieg in weiterführende Frage-stellungen. Betrachtet man in Abb. 5.46 den Trommelwirbel des Buntspechts genauer, erkennt man, dass die Schlagfrequenz über den gesamten Wirbel nicht vollkommen konstant ist. Die Frequenz nimmt zum Ende hin zu, insofern nimmt im gleichen Verhältnis die Periodendauer ab. Die Amplituden der Einzelschläge, die hier als Maß für die vom Specht ausgeübte Kraft interpretiert werden können, nehmen am Ende des Wirbels erkennbar ab. Somit kommt der Trommelwirbel einer gedämpften Schwingung gleich, die im Physikunterricht z. B. mithilfe von schlagenden und mit „Schnäbeln" (Stiften o. Ä.) versehenen Stahlfedern model-liert werden kann.

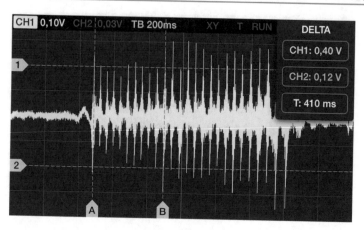

Abb. 5.47 Trommelwirbel eines Grünspechts

Eine weitere Fragestellung, die in den Bereich der Bionik führt, ist: Wie verhindert der Specht beim Klopfen Schädigungen an seinem Gehirn? Immerhin treten bei manchen Spechtarten während der Trommelbewegung lineare Geschwindigkeiten von 7,6 m · s^{-1} bzw. radiale Geschwindigkeiten von 160 rad · s^{-1} auf. Diese Geschwindigkeiten können – je nach Material, auf das geschlagen wird – zu Bremsbeschleunigungen von bis zu 9800 m · s^{-2} (!) führen [54]. Die bio-technische Lösung der Spechte für den Schutz ihres Gehirns liegt in einer speziellen Verbindung zwischen Hirn und knöchernen Schädel sowie in der dämpfenden Lagerung des Gehirns.

Wie auch im Abschn. 5.4.1 können für die hier vorgestellten akustischen Untersuchungen Apps genutzt werden, die Oszillogramme erzeugen. Eine geeignete kostenfreie App, die für die Betriebssysteme iOS [25] und Android [51] verfügbar ist, ist „Schallanalysator". Die Screenshots in den Abbildungen sind mit der App „Oscilloscope" (iOS) [3] angefertigt worden.

5.4.3 Was gibt Musikinstrumenten ihren Klang?

Patrik Vogt

Erzeugen verschiedene Musikinstrumente einen „Ton" – physikalisch gesehen eigentlich einen Klang (vgl. nächster Abschnitt) – gleicher Frequenz und Amplitude, so können wir dennoch ohne größere Mühe die Instrumente voneinander unterscheiden und mit wenig Vorerfahrung sogar richtig benennen. Möglich ist dies, da jedes Musikinstrument einen eigenen, ganz charakteristischen Klang besitzt, welcher als *Klangfarbe* bezeichnet wird (Abb. 5.48). Beschrieben wird die Klangfarbe durch Adjektive wie „hohl" und „näselnd" (z. B. Oboe und Flöte), „hell" und „warm" (z. B. Streichinstrumente) oder durch Vergleiche mit bekannten Instrumenten (z. B. „flötenartig" oder „wie ein Orgelton") [55, 56]. Was gibt

Musikinstrumenten aber ihren charakteristischen Klang und wodurch können wir sie voneinander unterscheiden? Diesen Fragen wollen wir uns nähern, indem wir die Klänge verschiedener Musikinstrumente mit geeigneten Apps analysieren [57]. Hierzu verwenden wir die Apps „Schallanalysator" [25] (zur Darstellung von Oszillogrammen und Frequenzspektren) sowie die App „WavePad" [58] (um Tonaufnahmen rückwärts laufen zu lassen und zu schneiden).

Gängige Erklärung der Klangfarbe
Üblicherweise geht der Behandlung des Phänomens „Klangfarbe" in Schulbüchern und im Unterricht die Erarbeitung der verschiedenen Schallarten „Ton", „Klang", „Knall" und „Geräusch" voraus. Der *Ton* wird dabei als Schallereignis eingeführt, der seine Ursache in einer harmonischen Schwingung hat (gut realisierbar durch Stimmgabeln oder Tongeneratoren), daher durch eine einfache Sinusfunktion beschrieben werden kann und im Frequenzspektrum nur eine einzige Spektrallinie aufweist. Davon abgegrenzt wird der *Klang* (in der Fachliteratur oft auch als *komplexer Ton* bezeichnet [56]), wie er von den meisten Musikinstrumenten hervorgerufen wird; sein Schwingungsbild besitzt ebenfalls einen periodischen, jedoch nicht sinusförmigen Verlauf. Nach dem Satz von Fourier, kann ein solches Signal als Summe von Sinusfunktionen dargestellt werden, deren Argumente ganzzahlige Vielfache einer Grundfrequenz sind. Ein Klang wird deshalb als ein Gemisch reiner Töne eingeführt, welches im Frequenzspektrum neben dem Grundton – er bestimmt die wahrgenommene Tonhöhe – eine Reihe von Obertönen (auch Partialtöne) enthält (Abschn. 5.1.1).

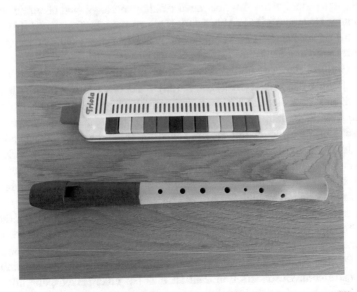

Abb. 5.48 Für die im Artikel dargestellten Analysen genutzte Instrumente, deren Klangfarben deutlich voneinander unterschiedenen werden können; Triola der Firma Seydel (oben) Sopranblockflöte Moeck 1020 Flauto 1 Plus (unten)

Der charakteristische Klang eines Instruments wird in den meisten Schulbüchern (z. B. [59–61]), in vielen Standardwerken der Experimentalphysik (z. B. [55, 62]) und daher sicher nicht selten auch im Physikunterricht ausschließlich mit Unterschieden im Obertonspektrum begründet, also mit einer unterschiedlichen Zahl an Partialtönen bzw. unterschiedlichen Amplitudenverhältnissen (Abb. 5.49). So heißt es z. B. in [60]: „Die Zahl der Obertöne und ihre Lautstärke bestimmen den Klang des Instruments." Oder in [62]: „Die Klangfarbe eines Musikinstruments ist allein durch den Gehalt an Oberwellen bestimmt."

Das Problem der Erklärung

Dass das Obertonspektrum eines Instruments zwar einen erheblichen Einfluss auf dessen Klangfarbe hat, diese aber nicht vollständig erklären kann, zeigt das von *Nordmeier* und *Voßkühler* [63, 64] beschriebene Experiment: Selbst Berufsmusiker konnten Instrumente nicht mehr erkennen, sobald die Einschwingvorgänge (Zeit vom Anregen der Schwingung bis zum Erreichen des stationären Schwingungszustands) mit einer geeigneten Software „abgeschnitten" wurden; möglich war ihnen lediglich eine Zuordnung in die richtige Stimmgruppe [63]. Dies ist ein eindrucksvoller Beleg dafür, dass eine Ähnlichkeit oder Unähnlichkeit von Klangfarben mit dem Frequenzspektrum des stationären Schwingungszustands in Zusammenhang gebracht werden kann, dass die Erkennung eines Instruments dagegen hauptsächlich auf charakteristischen Merkmalen während des Einsetzens des Klangs beruht (z. B. Anregungsmechanismus). Die verfeinerte Wahrnehmung der Klangfarbe eines Instruments, wie man sie für eine Instrumenterkennenung benötigt, erfordert also viel mehr Information als nur das Spektrum eines Klangs – die kurzen An- aber auch Abklingvorgänge sind ebenfalls von entscheidender Bedeutung [56] (Abb. 5.50). Nach *Iverson & Krumhansl* ([65], zitiert nach [56]) ist der Einsatz eines komplexen Tons sogar das wichtigste Kennzeichen von Klangfarbe und Herkunft.

Der Einfluss der An- und Abklingvorgänge – also gewissermaßen die zeitliche Änderung des Frequenzspektrums [66] – auf das Klangerleben (Abb. 5.51), lässt sich auf verschiedene Weise experimentell zeigen. Zum einen können die An- und Abklingvorgänge eines einzelnen Klangs (Abb. 5.52), einer Tonleiter oder bei einer ganzen Melodie mit einem Toneditor (hier die App „WavePad" [58]) „abgeschnitten" werden, wonach – wie oben bereits erläutert – eine Erkennung des Instruments meist ausgeschlossen ist [64, 67]. Unter anderem bei der Blockflöte, der Triola und dem Klavier erinnert die Hörwahrnehmung eher an einen Synthesizer als an ein nichtelektronisches Instrument.

Zum anderen zeigt sich der Einfluss der An- und Abklingvorgänge auf die Hörwahrnehmung, wenn man versucht, ein Instrument bei rückwärtslaufendem Tonband bzw. bei einer zeitlich gespiegelten Audiodatei wiederzuerkennen [56]. Lässt man z. B. eine Klavieraufnahme rückwärts ablaufen, so hört man scheinbar ein Streichinstrument. Besonders imposant ist dies bei einem Krebsgang, also beim Rückwärtsspielen einer Notenpassage [68]: Lässt man den zweiten Teil eines Krebsgangs rückwärts ablaufen, so ergibt sich das Notenbild des ersten Teils, das Instrument ist jedoch kaum zu erkennen (Abb. 5.53).

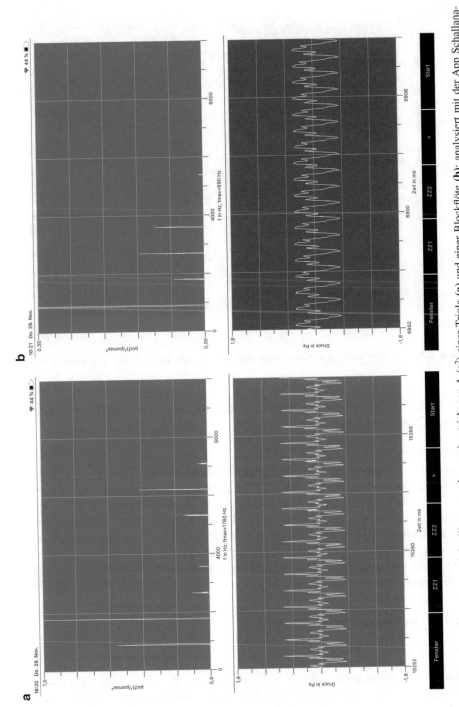

Abb. 5.49 Frequenzspektrum und Oszillogramm des zweigestrichenen A (a²) einer Triola (**a**) und einer Blockflöte (**b**); analysiert mit der App Schallanalysator [25]; die Unterschiede im Obertonspektrum und Oszillogramm sind klar zu erkennen

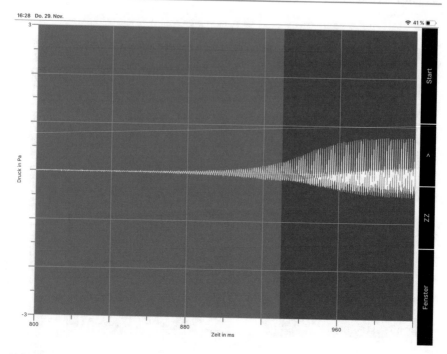

Abb. 5.50 Oszillogramm des Einschwingvorgangs des mit einer Triola gespielten zwei-gestrichenen A

Weitere Experimentiervorschläge zum Einfluss der An- und Abklingvorgänge auf die Klangfarbe eines Instruments findet man in [67].

Fazit

Möchte man das Phänomen der Klangfarbe erklären, so sollte nicht nur mit unterschiedlichen Obertonspektren des stationären Schwingungszustands argumentiert werden. Diese Überlegungen sind zwar ganz wesentlich, reichen für eine vollständige Klärung des Phänomens aber nicht aus. Es wird daher empfohlen, die Betrachtung um den Einfluss der An- und Abklingvorgänge der klangerzeugenden Schwingung auf den Höreindruck zu ergänzen. Der Einsatz einfacher Experimente bietet sich hier geradezu an und kann die beschriebenen Erscheinungen eindrucksvoll veranschaulichen.

5.4.4 Konsonanz und Dissonanz

Patrik Vogt

Werden mit einem Instrument zwei Klänge gleichzeitig gespielt, so wird deren Überlagerung entweder als angenehm oder als unangenehm empfunden. Im ersten Fall spricht man von Konsonanz (lateinisch con = zusammen und sonare = klingen), im zweiten von Dissonanz (lateinisch dis = unterschiedlich) [56].

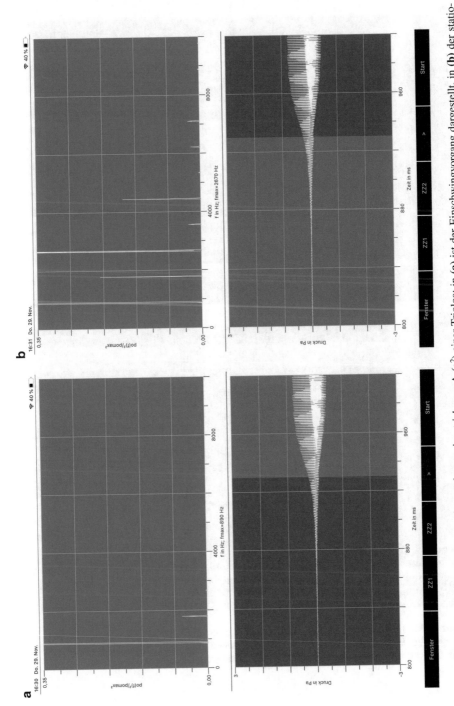

Abb. 5.51 Oszillogramm und Frequenzspektrum des zweigestrichenen A (a²) einer Trioloa; in (**a**) ist der Einschwingvorgang dargestellt, in (**b**) der statio-näre Schwingungszustand; das Frequenzspektrum des Einschwingvorgangs unterscheidet sich deutlich von dem des stationären Schwingungszustands

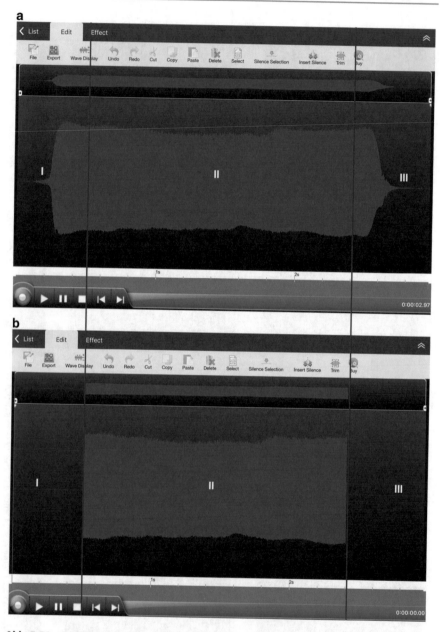

Abb. 5.52 Oszillogramm des zweigestrichenen A einer Triola; in (**a**) ist das komplette Signal dargestellt; **I:** Einschwingvorgang, **II:** näherungsweise stationärer Schwingungszustand, **III:** Abklingvorgang, in (**b**) wurde der Ein- und Ausschwingvorgang entfernt

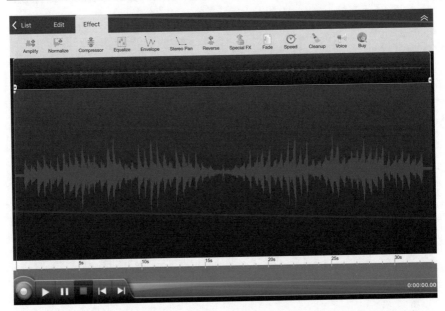

Abb. 5.53 Auszug aus Joseph Haydns Klaviersonate in A-Dur, Hob.XVI:26 (Menuet al Rovescio); der zweite Teil des Krebsgangs wurde gespiegelt, sodass sich das gleiche Notenbild wie im ersten Teil ergibt

Ob zwei Klänge als konsonant wahrgenommen werden, hängt davon ab, wie stark ihre Obertonspektren miteinander übereinstimmen. Liegen die beiden Klänge z. B. eine Oktave auseinander, so beträgt ihr Frequenzverhältnis 2:1, und der Grundton des höheren Klangs fällt mit dem ersten Oberton des tieferen zusammen. Auch die anderen Obertöne des höheren Klangs stimmen mit denen des tieferen überein (Abb. 5.54b. So kommt es, dass die beiden Klänge miteinander „verschmelzen" und einen angenehmen Höreindruck hervorrufen. Dies gilt umso mehr, je einfacher das Frequenzverhältnis der beiden Grundschwingungen ist. Liegen die beiden Frequenzen z. B. eine Quinte auseinander (Frequenzverhältnis von 3:2), dann fällt zumindest noch jeder zweite Oberton des höheren Klangs mit einem Oberton des tieferen zusammen (Abb. 5.54c). Bei einer Sekunde dagegen fällt nur jeder 8. Oberton des höheren Klangs mit einem des tieferen zusammen, wodurch ein dissonanter Höreindruck entsteht (Abb. 5.54d).

Das Phänomen der Konsonanz und Dissonanz lässt sich sehr einfach mit einem Musikinstrument (z. B. mit einem Klavier) und einem Smartphone untersuchen. Hierzu eignen sich besonders solche Apps, welche zwei Frequenzspektren übereinanderlegen können (z. B. Spektroskop [4]).

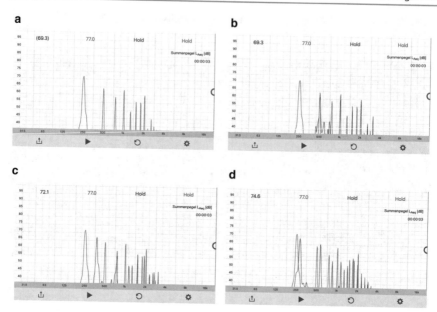

Abb. 5.54 Untersuchung von Konsonanz und Dissonanz mit einem Klavier (**a–d**); aufgenommen mit einem iPad 2 und der App „Spektroskop" [25]

5.4.5   Der Klang von Kirchenglocken

Patrik Vogt

Kirchenglocken sind im Alltag fast überall anzutreffende und mit einem Smartphone einfach zu untersuchende Musikinstrumente. Ihre physikalische Hintergrundtheorie erweist sich als schwierig, und eine zuverlässige Vorhersage ihrer Eigenfrequenzen ist ausgehend von den genauen Abmessungen nur mit der Methode finiter Elemente möglich [69]. Fragt man einen Glockengießer, mit welchen Beziehungen er die Rippe (halber Längsschnitt der Glocke, der die akustischen Eigenschaften vollständig bestimmt) für eine Glocke mit gewünschtem Frequenzspektrum berechnet, so erhält man gewiss keine Auskunft: Die Kunst des Glockengießens beruht auf jahrhundertelanger Erfahrung und das Wissen über die Rippenkonstruktion wird ausschließlich an direkte Nachkommen weitergegeben. Diesen gut behüteten Geheimnissen wollen wir uns nähern, wohlwissend, dass wir sie nicht vollständig enträtseln können. Vorgestellt werden einfache Experimente und Modellierungen mit einer – wie ein Vergleich mit einem Datensatz von fast 700 Glocken zeigt – für Unterrichtszwecke ausreichenden Genauigkeit [70, 71].

Schwingungsmoden von Kirchenglocken
Trifft der Klöppel gegen den Schlagring, so wird die Glocke zu Eigenschwingungen angeregt. Wie bei den meisten Musikinstrumenten bilden sich dadurch zahlreiche Schwingungsmoden aus, hier jedoch mit der Besonderheit,

dass die Partialtöne einer Glocke nicht ausschließlich Harmonische darstellen. Stattdessen können im Frequenzspektrum eine Reihe aus der Musiktheorie bekannte Intervalle beobachtet werden, nämlich u. a. die Prime, die Terz, die Quinte und die Oktave (Tab. 5.6). Diese Intervalle kennzeichnen den vollen, mächtigen Klang einer Kirchenglocke. Beim wahrgenommenen Schlagton handelt es sich um einen Residualton, dessen Frequenz für fast alle Glocken der halben Oktav-Frequenz entspricht und somit näherungsweise mit der Prime zusammenfällt. Der Grundton des Frequenzspektrums wird als Hum bezeichnet und tritt bei halber Prime-Frequenz auf. Seine analytische Beschreibung war schon frühzeitig Gegenstand physikalischer Forschung, und eine Reihe herausragender Wissenschaftler haben sich bereits damit auseinandergesetzt. An dieser Stelle seien beispielhaft Euler, Jacques Bernoulli, Chladni, Helmholtz und Rayleigh genannt, welche sich dem Problem dadurch näherten, dass sie glockenähnliche Körper mit deutlich einfacheren Geometrien beschrieben haben, z. B. Ringe, Halbkugeln oder Hyperboloide [73].

Im nächsten Abschnitt wird gezeigt, wie die Hum-Frequenz unter Berücksichtigung des Glockenradius modelliert bzw. wie der Glockenradius auf Grundlage einer mit dem Smartphone gemessenen Hum-Frequenz in guter Genauigkeit geschätzt werden kann. Zur Überprüfung des aufgestellten Modells wurde auf Grundlage eines Glockenbuches des Erzbistums Köln [74] ein Datensatz mit fast 700 Glocken erstellt, in welchem u. a. die Größen Hum-Frequenz, Glockenradius und Schlagringstärke enthalten sind. So werden die über mehrere Jahrhunderte reichenden Erfahrungen zahlreicher Glockengießer genutzt, um die Modellierungen zu prüfen und zur Erlangung einer höheren Übereinstimmung mit der Realität anzupassen.

Frequenz-Radius-Beziehung

Dass zwischen der Frequenz des Hum-Tons und dem Radius bzw. der Masse ein enger Zusammenhang besteht, zeigt bereits die grafische Darstellung der genannten Größen (Abb. 5.55). Es wäre daher einfach, durch Anpassen

Tab. 5.6 Frequenzverhältnisse im Spektrum einer Kirchenglocke [72]

Bezeichnung	Frequenzverhältnis zur Prime	
	ideal	bei Kirchenglocken
Hum	0,5	0,5
Prime	1,0	1,0
Terz	1,2	1,183
Quinte	1,5	1,506
Oberoktave	2,0	2,0
Dezime	2,5	2,514
Undezime	2,667	2,662
Duodezime	3,0	3,011
Doppeloktave	4,0	4,166

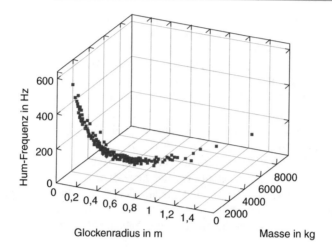

Abb. 5.55 Hum-Frequenz in Abhängigkeit von Radius und Masse

verschiedener Funktionen ein empirisches Modell zu finden, welches man im Anschluss versucht, physikalisch zu interpretieren. Wir wollen aber den umgekehrten Weg gehen und von einer Modellierung auf Abiturstufenniveau ausgehen.

Das Hohlzylindermodell mit Korrekturfaktor

Schlichting und Ucke [75] nutzen zur Modellierung der Frequenz von Gläsern eine Beziehung für den Hohlzylinder, welche wir nun auch auf die Glocken anwenden wollen:

$$f_0 = \frac{v_s \cdot d}{\sqrt{3}\pi \cdot R^2} \tag{5.35}$$

(f_0: Grundfrequenz, v_s: Schallgeschwindigkeit im Material, d: Dicke des Zylinders, R: Radius). Hierzu ersetzen wir die Grundfrequenz f_0 durch die Hum-Frequenz f_{Hum} und berücksichtigen für v_s die Schallgeschwindigkeit in Bronze ($v_{\text{Br}} \approx 3400 \text{ m} \cdot \text{s}^{-1}$). Außerdem nutzen wir den Zusammenhang $d/R \approx 1/7$ (Ergebnis eigener Datenanalyse und [76]):

$$f_{\text{Hum}} = \frac{1}{\sqrt{3} \cdot 7 \cdot \pi} \frac{v_{\text{Br}}}{R}. \tag{5.36}$$

Die Abweichung des Modells ist für Unterrichtszwecke durchaus zufriedenstellend (Abb. 5.56) und kann zur Abschätzung von Glockenradien genutzt werden. Hierzu bestimmt man mit einem Smartphone (z. B. mit der App „Spektroskop" [4]) die Hum-Frequenz der Glocke einer nahegelegenen Kirche und setzt das Ergebnis in die nachfolgende Formel ein:

$$R = \frac{1}{\sqrt{3} \cdot 7\pi} \frac{v_{\text{Br}}}{f_{\text{Hum}}}. \tag{5.37}$$

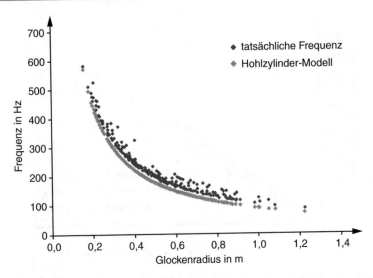

Abb. 5.56 Frequenzschätzung mittels Hohlzylinder-Modell vs. tatsächliche Glockenfrequenzen

Im Folgenden soll nun für diese einfache Berechnungsgleichung ein Korrektur-faktor gefunden werden, der die Übereinstimmung von Modell und Realität noch-mals erhöht. Hierzu passen wir die Beziehung

$$f_{\text{Hum}} = k \frac{v_{\text{Br}}}{\pi \cdot R}$$
(5.38)

an den vorliegenden Datensatz an und erhalten k zu 0,092. Durch diesen Korrekturfaktor kann die Abweichung der Frequenzschätzung auf gerade mal 3,5 % reduziert werden (Abb. 5.57).

Umgekehrt ist es mit gleicher Genauigkeit möglich, den Glockenradius allein aus der gegebenen bzw. gemessenen Frequenz zu bestimmen. Im Übrigen führt das Ausmultiplizieren der Konstanten aus Gl. 5.38 zu einer erstaunlich einfachen Faustformel:

$$f_{\text{Hum}} = \frac{100 \text{ m} \cdot \text{s}^{-1}}{R}.$$

100 dividiert mit der gemessenen Frequenz in Hz liefert in guter Näherung den Glockenradius in Meter.

Masse-Radius-Beziehung
Um von der gemessenen Hum-Frequenz einer Kirchenglocke auch auf deren Masse schließen zu können, benötigen wir eine Masse-Radius-Beziehung. Eine solche wurde bereits von Otte im Jahr 1885 angegeben [77]:

$$\frac{M_1}{M_2} = \frac{R_1^3}{R_2^3}$$
(5.39)

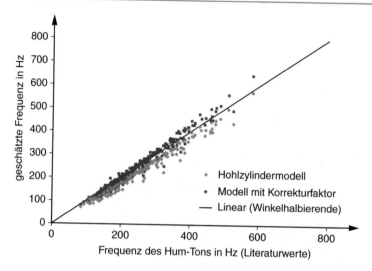

Abb. 5.57 Veranschaulichung der Modellverbesserung durch Einführung eines Korrekturfaktors

($M_{1/2}$: Massen der Glocken 1/2, $R_{1/2}$: Radien der Glocken 1/2), welche auch so formuliert werden kann, dass die Masse M zum Kubikradius der Glocke proportional ist. Um nun die Masse einer Glocke allein aus ihrem Radius abschätzen zu können, benötigt man nach Gl. 5.39 lediglich eine Musterglocke. Diese wird aus dem Datensatz durch die Anpassung der Beziehung $M = c \cdot R^3$ empirisch bestimmt. Es ergibt sich:

$$M = 4776 \frac{\text{kg}}{\text{m}^3} \cdot R^3 \text{ bzw.} \tag{5.40}$$

$$M \approx 4776 \frac{\text{kg}}{\text{m}^3} \cdot \left(0,092 \cdot \frac{v_{\text{Br}}}{\pi \cdot f_{\text{Hum}}}\right)^3. \tag{5.41}$$

Mit dieser empirisch begründeten Masse-Radius-Beziehung kann die Glockenmasse auf Grundlage der Frequenzmessung mit einer mittleren Abweichung von 11,7 % abgeschätzt werden.

Ergebnis einer Beispielmessung
Eine mit einem iPhone 4 S und der App „Spektroskop" [4] durchgeführte Messung zeigt die Abb. 5.58. Es handelt sich um die Glocke „Maria Gloriosa" des Bremer Doms, gegossen im Jahre 1433. Sie hat den Schlagton $\text{h}^0 \pm 0$ ($\hat{=}$ 244 Hz) [78], einen Radius von 0,85 m und eine Masse von 2500 kg [79]. Wie der Abbildung zu entnehmen ist, ergeben sich in guter Näherung die erwarteten Frequenzverhältnisse. Die Oktave liegt bei (486 ± 3) Hz, sodass der experimentell ermittelte Schlagton eine Frequenz von 243 Hz aufweist, was hervorragend mit der Literaturangabe übereinstimmt. Einsetzen der gemessenen Hum-Frequenz von 117 Hz in die Gl. 5.38 und 5.41 liefert den Radius zu 0,85 m und die Masse zu

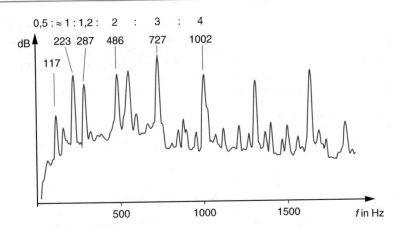

Abb. 5.58 Frequenzspektrum der „Maria Gloriosa", St.-Petri-Dom, Bremen, aufgenommen mit der App „Spektroskop" [4], dargestellt mit einem Tabellenkalkulationsprogramm (Darstellung von L. Kasper)

ungefähr 2900 kg. Während die Radiusschätzung mit der Literaturangabe exakt übereinstimmt, wird die Masse um 16 % überschätzt.

Literatur

1. Audio Kit (iOS). https://itunes.apple.com/de/app/audio-kit/id376965050.
2. Vogt, P., Kuhn, J., Wilhelm, T., & Lück, S. (2013). Smarte Physik. Ton und Klang mit Audio Kit. *Physik in Unserer Zeit, 44*(3), 151–152.
3. Downloadmöglichkeit der App „Oscilloscope". https://itunes.apple.com/de/app/oszilloskop/id388636804.
4. Download der App Spektroskop. https://itunes.apple.com/de/app/spektroskop-/id517486614.
5. Kuhn, J., & Vogt, P. (2013). Analyzing acoustic phenomena with a smartphone microphone. *The Physics Teacher, 51*, 118–119.
6. Vogt, P., & Kuhn, J. (2012). Akustik mit dem iPhone. *Naturwissenschaften im Unterricht Physik, 132*, 43–44.
7. Dierle, S., Backhaus, U., & Vogt, P. (2014). Schallgeschwindigkeitsbestimmung mit dem Smartphone. *Naturwissenschaften im Unterricht Physik, 141*(142), 99–100.
8. Internetrechner zur Ermittlung der temperaturabhängigen Schallgeschwindigkeit in Luft. http://www.sengpielaudio.com/Rechner-schallgeschw.htm.
9. Backhaus, U. Freihandversuch zur Messung der Schallgeschwindigkeit in Luft. http://www.didaktik.physik.uni-due.de/~backhaus/Echo/cLuft.html.
10. Levine, H., & Schwinger, J. (1948). On the radiation of sound from an unflanged circular pipe. *Physical Review, 73*, 383.
11. Ruiz, M. J. (2014). Boomwhackers and End-Pipe Corrections. *The Physics Teacher, 52*, 73–75.
12. Greulich, W., Kilian, U., & Weber, C. (Hrsg.). (2003). *Lexikon der Physik (CD-ROM)*. Heidelberg: Spektrum Akademischer Verlag, Stichwort: „weißes Rauschen".
13. Lüders, K., & von Oppen, G. (2008). *Bergmann/Schäfer Lehrbuch der Experimentalphysik, Bd. 1: Mechanik, Akustik, Wärme*. Berlin: de Gruyter.
14. Kasper, L., Vogt, P., & Strohmeyer, C. (2015). Stationary waves in tubes and the speed of sound. *The Physics Teacher, 53*, 523–524.

15. Vogt, P., Kasper, L., & Müller, A. (2014). Physics2Go! Neue Experimente und Frage-stellungen rund um das Messwerterfassungssystem Smartphone. *PhyDid B – Didaktik der Physik – Beiträge zur DPG-Frühjahrstagung*, Frankfurt a. M. www.phydid.de.

16. Vogt, P., & Kasper, L. (2014). Bestimmung der Schallgeschwindigkeit mit Smartphone und Schallrohr. *Naturwissenschaften im Unterricht Physik, 140*, 43–44.

17. Freytag, B. (2008). Korkenzieher in der Physik. *Praxis der Naturwissenschaften – Physik in der Schule, 57*, 23–31.

18. Download der Software "Audacity". http://audacityteam.org.

19. Download der Software "Sounds". http://didaktik.physik.fu-berlin.de/sounds/.

20. Download der App "Advanced Spectrum Analyzer". https://play.google.com/store/apps/details?id=com.vuche.asaf&hl=de.

21. Vogt, P., Kasper, L., Fahsl, C., Herm, M., & Quarthal, D. (2015). Physics2Go! Die Physik des Alltags mit Tablet und Smartphone erkunden. *MNU Themenspezial MINT*, S. 46–60.

22. Monteiro, M., Marti, A. C., Vogt, P., Kasper, L., & Quarthal, D. (2015). Measuring the acoustic response of Helmholtz resonators. *The Physics Teacher, 53*, 247–249.

23. Wischnewski, B.: Online-Rechner zur Berechnung thermodynamischer Kennwerte. http://www.peacesoftware.de/einigewerte/.

24. Vogt, P., Rädler, M., Kasper, L., & Mikelskis-Seifert, S. (2016). Bestimmung der Schall-geschwindigkeit verschiedener Gase mit Pfeife und Smartphone. *Naturwissenschaften im Unterricht Physik, 152*, 49–50.

25. https://itunes.apple.com/de/app/schallanalysator-spaichinger/id918487855.

26. http://www.peacesoftware.de/einigewerte/co2.html.

27. Hirth, M., Kuhn, J., & Müller, A. (2015). Measurement of sound velocity made easy using harmonic resonant frequencies with everyday mobile technology. *The Physics Teacher, 53*(2015), 120–121.

28. Hirth, M., Gröber, S., Kuhn, J., & Müller, A. (2016). Harmonic resonances in metal rods–Easy experimentation with a smartphone and tablet PC. *The Physics Teacher, 54*(3), 163–167.

29. https://www.audacity.de/downloads/.

30. Ross, P., Küchemann, S., Derlet, P. M., Yu, H., Arnold, W., Liaw, P., Samwer, K., & Maass, R. (2017). Linking macroscopic rejuvenation to nano-elastic fluctuations in a metallic glass. *Acta Materialia, 138*, 111–118.

31. Küchemann, S., & Maaß, R. (2017). Gamma relaxation in bulk metallic glasses. *Scripta Materialia, 137*, 5–8.

32. Küchemann, S., Liu, C., Dufresne, E. M., Shin, J., & Maaß, R. (2018). Shear banding leads to accelerated aging dynamics in a metallic glass. *Physical Review B, 97*(1), 014204.

33. Vogt, P., & Kasper, L. (2018). Bestimmung der Schallgeschwindigkeit mit Messschieber und Glockenspiel. *Naturwissenschaften im Unterricht Physik, 164*, 49–50.

34. https://de.wikipedia.org/wiki/Frequenzen_der_gleichstufigen_Stimmung.

35. https://de.wikipedia.org/wiki/Schallgeschwindigkeit.

36. Euler, M. (2014). Biophysik des Hörens. *Praxis der Naturwissenschaften – Physik in der Schule, 4*(63), 5–14.

37. Cockos Incorporated (2014). Toneditor „Reaper". http://www.reaper.fm/.

38. Internetenzyklopädie Wikipedia, Stichwort „äußerer Gehörgang". http://de.wikipedia.org/wiki/Äußerer_Gehörgang.

39. Deußen, C. (2001). Belastung des Gehörs durch Kopfhörer. Ein Stationenlehrgang zur Akustik in Jahrgangsstufe 10. *Praxis der Naturwissenschaften – Physik in der Schule, 2*(50), 44–47.

40. Kuhn, J., Vogt, P., & Hirth, M. (2014). Analyzing the acoustic beat with mobile devices. *The Physics Teacher, 52*(4), 248–249.

41. Vogt, P. (2011). *Projektmappe Physik – Musik und Akustik*. Mühlheim an der Ruhr: Verlag an der Ruhr.

42. Kuhn, J., & Vogt, P. (2015). Smartphone & Co. in Physics Education: Effects of learning with new media experimental tools in acoustics. In W. Schnotz, A. Kauertz, H. Ludwig, A. Müller, & J. Pretsch (Hrsg.), *Multidisciplinary research on teaching and learning* (S. 253–269). Basingstoke: Palgrave Macmillan.

43. Hirth, M., Kuhn, J., Wilhelm, T., & Lück, S. (2014). Smarte Physik: Die App Oscilloscope analysiert Schall oder elektrische Signale. *Physik in Unserer Zeit, 45*(3), 150–151.

44. Vogt, P., & Schwarz, O. (2004). *Doppler-Messungen am Mikrofonpendel und ein Analogieversuch zur Doppler-Verbreiterung.* Düsseldorf: Frühjahrstagung des Fachverbandes Didaktik der Physik in der Deutschen Physikalischen Gesellschaft.

45. Klein, P., Hirth, M., Gröber, S., Kuhn, J., & Müller, A. (2014). Classical experiments revisited: Smartphone and tablets as experimental tools in acoustics and optics. *Physics Education, 49*(4), 412–418.

46. Vogt, P., Kuhn, J., & Müller, S. (2011). Experiments using cell phones in physics classroom education: The Computer Aided g-Determination. *The Physics Teacher, 49,* 383–384.

47. Müller, S., Vogt, P., & Kuhn, J. (2010). Das Handy im Physikunterricht: Anwendungsmöglichkeiten eines bisher wenig beachteten Mediums. *PhyDid B – Didaktik der Physik – Beiträge zur DPG-Frühjahrstagung,* Hannover.

48. Frequenzgenerator (Android). https://play.google.com/store/apps/details?id=com.boedec.hoel.frequencygenerator.

49. SPEAR (Freeware-Software zur Auswertung von dynamischen Spektren). http://www.klingbeil.com/spear/.

50. Kasper, L. (2013). Der Insektenflug als authentischer Kontext für den Physikunterricht. *PhyDid B, Beiträge zur Didaktik der Physik.*

51. https://play.google.com/store/apps/details?id=de.spaichinger_schallpegelmesser. Schallanalysator&hl=de.

52. Becher, F. (1953). Untersuchungen an Spechten zur Frage der funktionellen Anpassung an die mechanische Belastung. *Zeitschrift für Naturforschung, 8b,* 192–203.

53. Stark, R. D., Dodenhoff, D. J., & Johnson, E. V. (1998). A quantitative analysis of woodpecker drumming. *The Condor, 100,* 350–356. (The Cooper Ornithological Society).

54. Wang, L., Cheung, J. T.-M., Pu, F., Li, D., Zhang, M., et al. (2011). Why do woodpeckers resist head impact injury: A biomechanical investigation. *PLoS ONE, 6*(10), e26490.

55. Meschede, D. (Hrsg.). (2006). *Gerthsen Physik.* Berlin: Springer.

56. Roederer, J. G. (2000). *Physikalische und psychoakustische Grundlagen der Musik.* Berlin: Springer.

57. Vogt, P. (2015). Moment mal…: Was gibt Musikinstrumenten ihren Klang? *Praxis der Naturwissenschaften – Physik in der Schule, 7*(64), 40–42.

58. Bezugsquelle der App „WavePad". https://itunes.apple.com/de/app/wavepad-music-and-audio-editor/id395339564 (iOS), https://play.google.com/store/apps/details?id=com.nchsoftware.pocketwavepad_free&hl=de (Android).

59. Bader, F., & Oberholz, H.-W. (Hrsg.). (2009). Physik Gymnasium. Sek I. Braunschweig: Bildungshaus Schulbuchverlage Westermann Schroedel Diesterweg Schöningh Winklers.

60. Heepmann, B., Muckenfuß, H., Schröder, W., & Stiegler, L. (1997). *Physik für Realschulen. Natur und Technik, Klasse 9/10 Rheinland-Pfalz.* Berlin: Cornelsen Verlag.

61. Meyer, L., & Schmidt, G.-D. (Hrsg.). (2005). *Physik. Gymnasiale Oberstufe.* Berlin: Duden Paetec Schulbuchverlag.

62. Dransfeld, K., Kienle, P., & Kalvius, G. M. (2005). *Physik I. Mechanik und Wärme.* München: Oldenbourg.

63. Voßkühler, A., & Nordmeier, V. (2010). „Was schwingt, das klingt." High Speed Kameraaufnahmen von Einschwingvorgängen. *Praxis der Naturwissenschaften – Physik in der Schule, 3*(59), 21.

64. Nordmeier, V., & Voßkühler, A. (2009). Klänge von Musikinstrumenten visualisieren. Von der Zeitreihe zu Klang-Attraktoren. *Naturwissenschaften im Unterricht Physik, 114,* 38–41.

65. Iverson, P., & Krumhansl, C. L. (1993). Isolating the dynamic attributes of musical timbre. *The Journal of the Acoustical Society of America, 94,* 2595.

66. Litschke, H. (2000). Physik und Musik – Altes Thema und moderne Computer. *Praxis der Naturwissenschaften – Physik in der Schule, 3*(49), 22–25.

67. Rincke, K. (2009). Klänge hören und lesen. *Naturwissenschaften im Unterricht Physik, 114,* 10–13.

68. Internetenzyklopädie Wikipedia, Stichwort: „Krebs (Musik)". http://de.wikipedia.org/wiki/Krebs_(Musik).

69. Perrin, R., & Charnley, T. (1983). Normal modes of the modern English church bell. *Journal of Sound and Vibration, 90*(1), 29–49.

70. Vogt, P., & Kasper, L. (2015). Der Klang von Kirchenglocken: Experimentelle und empirische Untersuchung eines wohlbehüteten Geheimnisses. *Praxis der Naturwissenschaften – Physik in der Schule, 64*(7), 23–27.

71. Vogt, P., & Kasper, L. (2016). Der Klang von Kirchenglocken – Eine Ergänzung. *Praxis der Naturwissenschaften – Physik in der Schule, 2*(65), 48–49.

72. https://en.wikipedia.org/wiki/Strike_tone.

73. Lehr, A. (2005). *Die Konstruktion von Läuteglocken und Carillonglocken in Vergangenheit und Gegenwart.* Greifenstein: Dt. Glockenmuseum.

74. Hoffs, G. (2004). *Glocken katholischer Kirchen Kölns.* http://www.glockenbuecherebk.de/pdf/glockenbuch_koeln.pdf.

75. Schlichting, H. J., & Ucke, C. (1995). Es tönen die Gläser. *Physik in Unserer Zeit, 26*(3), 138–139.

76. www.kirchenglocken.de.

77. Otte, H. (1884). *Glockenkunde.* Leipzig: T. O. Weigel.

78. https://de.wikipedia.org/wiki/Bremer_Dom.

79. http://www.bild.de/regional/bremen/kirchen/das-grosse-bimm-bamm-der-oster-glocken-23526998.bild.html.

Von Licht über Magnetfeld bis zur Radioaktivität

6

Patrik Vogt, Pascal Klein, Sebastian Gröber und Michael Thees

6.1 Einsicht unmöglich

Pascal Klein

Beleuchtungsstärkesensoren (ALS = Ambient Light Sensor) werden in Smartphones und Tablet-PCs integriert, um durch eine Messung des Umgebungslichtes die Bildschirmhelligkeit des Geräts an diese anzupassen. Mithilfe spezieller Apps kann die Beleuchtungsstärke in Echtzeit angezeigt oder auch zeitabhängig dargestellt werden. In diesem Beitrag wird ein Versuch dargestellt, der den ALS eines Tablet-PCs nutzt, um die Abstrahlungscharakteristik $I(\vartheta)$ eines Smartphones zu ermitteln. Abstrahlungscharakteristiken geben prinzipiell die Winkelverteilung der Intensität einer Lichtquelle (hier Smartphone) an. Viele technologische Anwendungen benötigen eine hohe Lichtintensität über einen möglichst weiten Winkelbereich (z. B. LCD-Fernseher). Soll eine seitliche Abstrahlung des Lichts hingegen vermieden werden (z. B. wegen Datenschutz), können sogenannte Blickschutzfolien auf Anzeigedisplays angebracht werden. Bekannte Anwendungen sind Computerbildschirme in Arztpraxen oder Monitore von Geldautomaten. Wir vergleichen die Abstrahlcharakteristik eines Displays mit und ohne Blickschutzfolie.

P. Vogt (✉)
Mainz, Deutschland
E-Mail: vogt@ilf.bildung-rp.de

P. Klein · S. Gröber · M. Thees
Kaiserslautern, Deutschland
E-Mail: pascal.klein@uni-goettingen.de

S. Gröber
E-Mail: groeber@physik.uni-kl.de

M. Thees
E-Mail: theesm@physik.uni-kl.de

© Springer-Verlag GmbH Deutschland, ein Teil von Springer Nature 2019
J. Kuhn und P. Vogt (Hrsg.), *Physik ganz smart*,
https://doi.org/10.1007/978-3-662-59266-3_6

Die Inhalte dieses Abschnittes orientieren sich an den Ausführungen in [1–3].

Theoretische Grundlagen

Blickschutzfolien sind mikrostrukturierte Kunststofffolien, die bewirken, dass nur Personen unmittelbar vor dem Display die dargestellten Informationen wahrnehmen können. Dazu verändern Blickschutzfolien die Abstrahlungscharakteristik eines Displays $I(\vartheta) \to I^*(\vartheta)$. Die Wirkungsweise ist in Abb. 6.1 illustriert.

Blickschutzfolien werden vor allem in öffentlichen Einrichtungen eingesetzt, finden aber in den letzten Jahren auch vermehrt Einzug in den privaten Gebrauch (Tablet-PCs, Smartphones, PDAs, Laptops). Für eine theoretische Beschreibung der Geometrie und der physikalischen Zusammenhänge betrachte man Abb. 6.2.

Bezeichnet ϑ den Winkel zwischen einem Beobachter (im Punkt B) und der Normalen n einer strahlenden Oberfläche, so gilt für die Lichtintensität $I(\vartheta)$ im Punkt B gemäß dem verallgemeinerten Lambert'schen Gesetz

$$I(\vartheta) = I_0 \cos^m \vartheta. \tag{6.1}$$

In der Literatur sind die Spezialfälle $m = 0, m = 1$ und $m = 2$ als Kugelstrahler, Lambert-Strahler und Keulenstrahler bekannt. Die Lichtverteilung liegt mit größer werdendem m stärker an der Symmetrieachse ($\vartheta = 0$), d. h., die Fläche besitzt eine bevorzugtere Abstrahlrichtung. Wir bezeichnen im Folgenden den Parameter m deshalb als Richtstärke und ermitteln diesen später im Experiment. Bringen wir auf die Anzeige eine Blickschutzfolie auf, so können wir empirisch eine Richtstärke m^* bestimmen, die erwartungsgemäß größer als m sein wird. Abb. 6.2 illustriert die

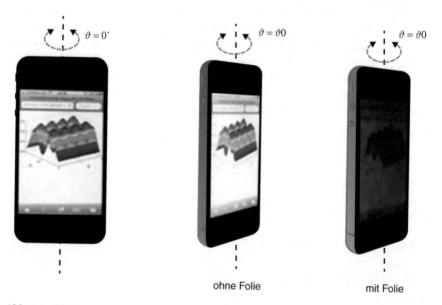

ohne Folie   mit Folie

Abb. 6.1 Wirkungsweise einer Blickschutzfolie auf einem Handydisplay. Links und mittig: Smartphone ohne Blickschutzfolie, rechts mit Folie

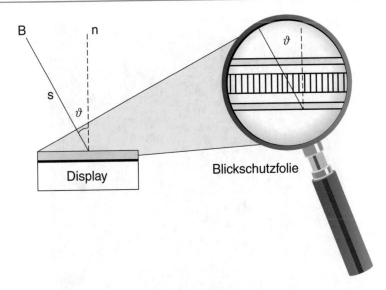

Abb. 6.2 Smartphone und Blickschutzfolie: Geometrische Verhältnisse und schematischer Folienaufbau

Wirkungsweise der Blickschutzfolie: Parallel angeordnete Lamellen aus Acrylharzen und Kohlenschwarz absorbieren das zur Seite ausgestrahlte Licht des Anzeigedisplays.

Versuchsaufbau und Durchführung
Um die Abstrahlcharakteristik $I(\vartheta)$ zu bestimmen, wird das Smartphone als Lichtquelle in hinreichend großem Abstand zum Beleuchtungsstärkesensor (ALS) drehbar gelagert an einem Stativ befestigt. Das Smartphone ist um seine Längsachse rotierbar (Drehachse in Zeichenebene, Abb. 6.3).

Der Winkel ϑ wird mithilfe eines Geodreiecks gemessen und in 5°-Schritten variiert, während ein Tablet-PC (hier ein Samsung Galaxy Tab 2) mit einem ALS die Beleuchtungsstärke E in einem abgedunkelten Raum misst (App: Android Sensor Box [4]). Diese fotometrische Größe E ist proportional zur Lichtintensität, $E \sim I$. Nach der Versuchsdurchführung wird eine Blickschutzfolie auf das Smartphone aufgebracht und die Messung wiederholt.

Ergebnis
Abb. 6.4 zeigt die auf I_0 normierten Messwerte mit den theoretischen Funktionen nach Gl. 6.1, wobei die Parameter m bzw. m^* durch einen Kurvenfit bestimmt wurden. Mit Blickschutzfolie wird die Referenzintensität von 10 % bereits bei einem Wert $\vartheta_0 = 37{,}5°$ erreicht. Für Winkel $\vartheta > 40°$ fällt die Lichtintensität durch die Blickschutzfolie abrupt ab. Das heißt, dass das Display schon bei vergleichsweise kleinen Winkeln sehr lichtschwach wird; ab $\vartheta > 40°$ sind die auf dem Display dargestellten Informationen praktisch nicht mehr wahrnehmbar.

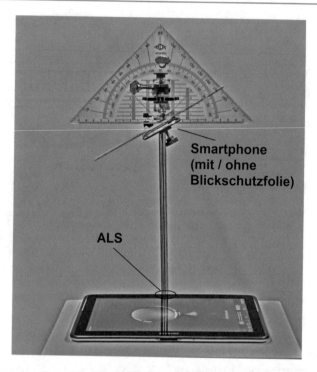

Abb. 6.3 Versuchsaufbau: Mit dem Tablet-PC wird durch den Ambient Light Sensor die Beleuchtungsstärke E in Abhängigkeit des Winkels gemessen, den der Strahler (Smartphone) zur Horizontalen einschließt

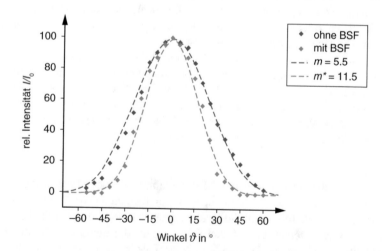

Abb. 6.4 Messdaten und Theoriekurven der Intensitätsverteilung mit bzw. ohne Blickschutz-folie

6.2   Wie weit reicht das Licht?

Pascal Klein

In diesem Versuch wird das Abstandsgesetz für die von einer Punktlichtquelle (Glühlampe) ausgehenden Beleuchtungsstärke experimentell untersucht. Die Beleuchtungsstärke als Maß für diejenige Größe, die wir umgangssprachlich als Helligkeit interpretieren, wird durch den Ambient Light Sensor eines Smartphones erfasst, während der Abstand zwischen Sensor und Lichtquelle systematisch variiert wird. Als Resultat erhalten wir das invers-quadratische Abstandsgesetz, welches in vielen physikalischen Themengebieten eine Rolle spielt, z. B. beim Coulomb-Gesetz oder bei der Abschwächung radioaktiver Strahlung in Luft. Die Inhalte dieses Abschnittes orientieren sich an den Ausführungen von [2, 5, 6].

Theoretische Grundlagen
In Smartphones und Tablet-Computern werden sogenannte Ambient Light Sensoren (ALS) integriert, um die Bildschirmhelligkeit des Geräts an das Umgebungslicht (Ambient Light) anzupassen. ALS bestehen im Wesentlichen aus einem Spektralfilter, der an das Helligkeitsempfinden des menschlichen Auges angepasst ist, und einem Fototransistor. Demnach messen solche Sensoren den einfallenden Lichtstrom Φ pro Fläche A, die sog. Beleuchtungsstärke $E = \Phi/A$ mit $[E] = \text{lux}$, die wir als Helligkeit interpretieren. Der meist kreisförmige Sensor befindet sich normalerweise neben der Frontkamera und ist nur wenige Millimeter groß.

Eine Punktlichtquelle besitzt eine isotrope Intensitätsverteilung, d. h., die in einen Raumwinkel Ω abgestrahlte Intensität ist konstant:

$$I(\Omega) = I_0. \tag{6.2}$$

Es ist wohlbekannt, dass eine solche Punktlichtquelle dem invers-quadratischen Abstandsgesetz folgt, d. h., es gilt

$$E(r) = \frac{I_0}{r^2}. \tag{6.3}$$

Für Abstände, die hinreichend groß sind, gilt dieses Gesetz auch für ausgedehnte Lichtquellen, beispielsweise eine Glühlampe.

Versuchsaufbau und Durchführung
Die Punktlichtquelle und das mobile Endgeräte (mit Ambient Light Sensor, in unserem Fall: Samsung Galaxy) werden beide auf einer optischen Schiene montiert (Abb. 6.5). Das Experiment wurde in einem abgedunkelten Raum durchgeführt, um Einflüsse des Umgebungslichts zu reduzieren. Bei der Ausrichtung von Messgerät und Lichtquelle wurde unter Verwendung von Wasserwaage und Zollstock darauf geachtet, dass der Ambient Light Sensor sich etwa auf gleicher Höhe wie die Punktlichtquelle befindet und dass die Fläche des Sensors senkrecht zur optischen Achse liegt. Abweichungen von dieser Ausrichtung haben Messfehler zur Folge, die größer sein können als die statistischen Fehler (die in diesem Experiment unter 1 % liegen). Sie äußern sich in zu kleinen Messwerten, da eine kleinere effektive Fläche des Sensors ausgeleuchtet wird, wenn dieser nicht senkrecht zur optischen Achse ausgerichtet ist.

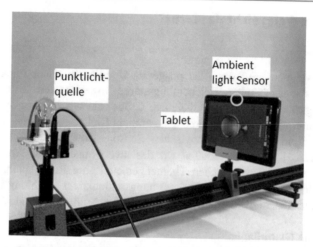

Abb. 6.5 Versuchsaufbau: Lichtquelle und Ambient Light Sensor befinden sich auf einer Höhe

Der Abstand zwischen Lichtquelle und Sensor wurde in Schritten von 1 cm im Nahfeld variiert (7–20 cm) und in Schritten von 5 cm im Fernfeld (25 cm bis 115 cm).

Experimentelles Ergebnis und Schlussfolgerung

Die Beleuchtungsstärke E ist in Abb. 6.6 gegen das inverse Abstandsquadrat aufgetragen, sodass nach Gl. 6.3 eine Ursprungsgerade zu erwarten ist. Wie in der Abbildung zu sehen ist, liegen die Messdaten für hinreichend große Abstände (kleine $1/r^2$-Werte) auf einer Geraden; das Bestimmtheitsmaß ist sehr gut ($R^2 > 0{,}99$), womit das obiges Gesetz als bestätigt gilt. Für kleine Abstände können die räumliche Ausdehnung der Lichtquelle sowie eventuelle Abstrahlcharakteristiken ($I(\Omega) \neq$ const.) nicht vernachlässigt werden, sodass sich signifikante Abweichungen vom Gesetz ergeben.

Abb. 6.6 Gemessene Beleuchtungsstärke gegen das inverse Abstandsquadrat mit linearer Regression für das Fernfeld (gesrichelte Linie)

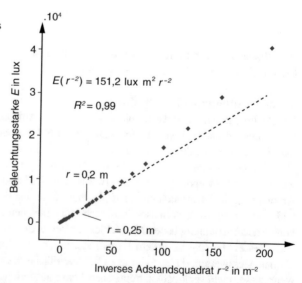

6.3   Darstellung von Beugungsbildern mit einer Fernbedienung

Michael Thees

Die Möglichkeiten des Einsatzes von Smartphones sind nicht auf die klassische Physik beschränkt. Insbesondere lässt sich das Kameramodul auch als Sensor für Experimente zur Wellenoptik einsetzen. Im Folgenden wird das traditionelle Experiment der Beugung von kohärentem Licht an einem Transmissionsgitter in einer Low-Cost-Variante dargeboten. Dabei dient die Infrarotdiode einer Fernbedienung als Lichtquelle und die Kamera eines Smartphones als Sensor. Erst durch die Empfindlichkeit der Halbleiterchips der Kamera ist es möglich, Infrarotlicht in Echtzeit und ohne größere experimentelle Aufbauten sichtbar zu machen. Dieser Vorteil der Sensoren ermöglicht es einerseits das Phänomen der Beugung und Interferenz auch für elektromagnetische Strahlung außerhalb des vom Menschen sichtbaren Spektrums zu zeigen und die Gültigkeit der beschreibenden Gleichungen zu verifizieren. Andererseits lässt sich mit diesem Aufbau auch die Wellenlänge der Infrarotdiode bestimmen.

Dieser Beitrag orientiert sich an Ideen in [7–9], welche in [10] für das Smartphone adaptiert wurden.

Messprinzip

Betätigt man die Fernbedienung und betrachtet die LED durch die Kamera eines Smartphones, so erkennt man das An-Aus-Muster, mit dem Informationen von der Fernbedienung aus gesendet werden (Abb. 6.7). Dabei stellt sich zunächst die Frage, warum man überhaupt mit einer Smartphone-Kamera Infrarotlicht detektieren und sogar sichtbar machen kann.

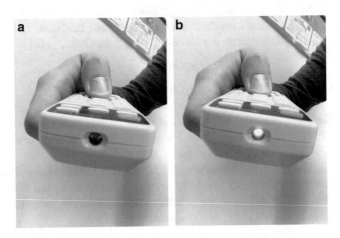

Abb. 6.7 Vergleich der Aufnahmen einer Infrarotdiode (Fernbedienung, Modell: Epson 156606400) mit dem Smartphone, (**a**) nicht gedrückt, (**b**) gedrückt

Die Erklärung dafür liegt im Aufbau der Kameramodule – diese bestehen aus einem Linsensystem und einem Sensor. Dieser wiederum besteht aus vielen kleinen matrixförmig angeordneten Halbleiterzellen (wie Photodioden) und wird je nach Bau- und Ausleseart als CCD (Charge Coupled Device) oder CMOS (Complementary Metal Oxid Semiconductor) bezeichnet [12]. Diese Halbleiterzellen bestehen z. B. aus Silizium und sind auch für elektromagnetische Strahlung außerhalb des vom Menschen sichtbaren Spektrums (ungefähr 300 nm bis 750 nm) empfindlich, insbesondere gilt dies für den nahen Infrarotbereich (NIR).

Falls die Kameramodule nicht durch entsprechende Filter gegen den NIR Bereich abgeschirmt sind, führen einfallende elektromagnetische Strahlen mit einer Wellenlänge aus dem NIR ebenfalls zu einer Anregung der Halbleiterzellen. Diese wird – entsprechend einer ähnlichen Anregung aus dem sichtbaren Spektrum – als Signal an den verarbeitenden Prozessor weitergegeben und erscheint letztlich als hellroter bis violetter Punkt auf dem Bildschirm des Geräts (Abb. 6.7).

Bei vielen aktuellen Geräten sind bereits Infrarotfilter zur Verbesserung der Bildqualität in den Linsensystemen vor den Sensoren verbaut. Dies gilt jedoch meistens nur für die Hauptkamera auf der Rückseite, sodass dann unter Umständen auf die Frontkamera ausgewichen werden sollte. Diese besitzt zwar in der Regel keine so große Auflösung wie die Hauptkamera, ist aber durchaus für die Umsetzung des Experiments geeignet. Dass sich damit auch die Orientierung des Bildschirms ändert, bildet keinen Nachteil – im Gegenteil – nun lassen sich gleichzeitig die Fernbedienung betätigen und kleine Korrekturen am Aufbau (Justage) durchführen, während man das Resultat in der Live-Ansicht der Kamera sehen kann.

Theoretischer Hintergrund

Trifft kohärentes Licht auf ein optisches Hindernis, z. B. ein Transmissionsgitter, so kommt es an dessen Kanten zur Beugung. Ausgehend von der Bildung von Elementarwellen (Huygens'sches Prinzip) lässt sich die Ausbreitung des Lichtes in den optischen Schattenraum als Interferenzphänomen beschreiben, hier gezeigt für die konstruktive Interferenz der Nebenmaxima n-ter Ordnung [11]:

$$d \cdot \sin(\alpha_n) = n \cdot \lambda, n \in \mathbb{N}, \tag{6.4}$$

(d: Gitterkonstante, α_n: Öffnungswinkel des n-ten Nebenmaximum, λ: Wellenlänge).

Die dabei entstehende Intensitätsverteilung kann auf einem Schirm in geeigneter Entfernung beobachtet und weiter analysiert werden (entspricht der Fraunhofer-Beugung im Fernfeld [11]).

Für den Fall eines Transmissionsgitters lassen sich bei bekannter Wellenlänge und Gitterkonstanter die Abstände S der Maxima n-ter Ordnung auf einem Schirm bekannter Entfernung L (unter der üblichen Berücksichtigung der Kleinwinkelnäherung $\sin(\alpha) \approx \alpha \approx \tan(\alpha) = \frac{S}{L}$) berechnen [11]:

$$S = n \cdot \lambda \cdot \frac{1}{d} \cdot L. \tag{6.5}$$

Umgekehrt lässt sich aber mithilfe der obigen Gleichungen anhand des experimentell bestimmten Abstands der Maxima auf die Wellenlänge der (kohärenten!) Lichtquelle zurückschließen:

$$\lambda \approx \frac{1}{n} \cdot d \cdot \frac{S}{L}. \tag{6.6}$$

Aufbau und Durchführung

Der hier beschriebene Aufbau gleicht dem traditionellen Experiment für die Bestimmung der Wellenlänge eines Lasers mithilfe eines Transmissionsgitters mit bekannter Gitterkonstante. Hier wird jedoch der Laser durch die monochromatische LED der Fernbedienung sowie der Schirm durch das Kameramodul des Smartphones ersetzt (Abb. 6.8 und 6.9), wobei das von der LED abgestrahlte Licht als ausreichend kohärent angenommen wird. Das Transmissionsgitter mit bekannter Gitterkonstante bleibt erhalten. Zusätzlich wird als Maßstab ein Zollstock in der Nähe der Diode parallel zum Gitter befestigt.

Es ist darauf zu achten, dass alle Komponenten entlang der optischen Achse aufgebaut sind.

Zudem sollte sowohl das Gitter als auch der Maßstab möglichst vollständig auf dem späteren Bild zu sehen sein. Überprüfbar ist dies mit der Live-Vorschau im Fotografie-Modus des Endgeräts.

Die Fernbedienung wird betätigt, sodass ein (nahezu) konstantes Signal sichtbar wird. Die Kamera des Smartphones wird auf den Maßstab scharf gestellt.

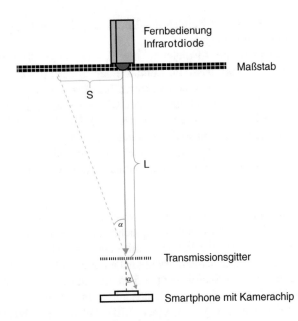

Abb. 6.8 Schematischer Aufbau des Experiments

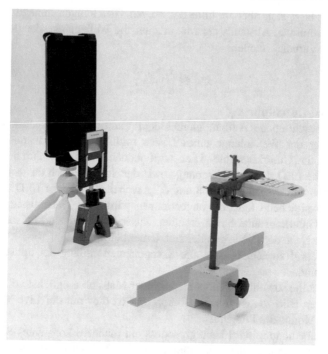

Abb. 6.9 Fotografie des experimentellen Aufbaus

Dazu wird der entsprechende Bereich des Bildes angetippt und vom Gerät automatisch fokussiert (Autofokus).

Nun sollte zunächst die Ausrichtung der Komponenten überprüft werden, indem darauf geachtet wird, dass alle Komponenten in der Live-Vorschau zentral ausgerichtet sind und auch das schon sichtbare Interferenzmuster (Intensitätsverteilung) symmetrisch um die Mittelachse des Bildes verteilt ist. Gegebenenfalls sollte das Licht im Experimentierraum gedimmt werden, falls die Intensität der LED etwas zu gering ist und um so den Kontrast auf dem Bildschirm zu erhöhen. Zur weiteren Auswertung und Dokumentation wird nun ein Foto gemacht, welches in der entsprechenden App des Geräts betrachtet werden kann (Abb. 6.10).

Auswertung

Anschließend wird das Foto entweder auf einen PC übertragen oder direkt am Gerät ausgewertet, indem die Position der sichtbaren Nebenmaxima mit höchster Ordnung durch den direkten Vergleich mit dem Maßstab ermittelt wird. Der abgelesene Abstand entspricht dem traditionellen Abstand auf dem Schirm S, wobei die Entfernung zum Schirm gerade dem Abstand zwischen Maßstab und Transmissionsgitter L entspricht (siehe Strahlengänge in Abb. 6.8).

Für eine Referenzmessung mit einer LED bekannter Wellenlänge von $\lambda = 950$ nm ergab das Auslesen des Maximum der 3. Ordnung folgende Werte: $S = 11{,}5$ cm, $L = 50$ cm.

Abb. 6.10 Foto des Beugungsbildes (80 Striche pro mm), aufgenommen mit der Frontkamera eines Apple iPad 4 mini

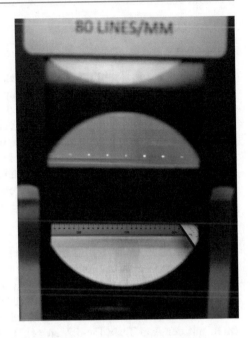

Eine Bestimmung der Wellenlänge nach Gl. 6.6 bei Verwendung der bekannten LED und einem Gitter mit $\frac{1}{d} = 80\frac{\text{Linien}}{\text{mm}}$ ergab eine Wellenlänge von $\lambda_{\text{Experiment}} = 958$ nm, was einer relativen Abweichung von $< 1\%$ entspricht.

Fazit

Mithilfe dieses kostengünstigen und schnell aufgebauten Versuches lässt sich die Wellenlänge einer Diode schnell und unkompliziert experimentell bestimmen. Die erhaltenen Werte stimmen mit den Erwartungen überein und konnten reproduziert werden. Zudem lassen sich mit diesem Aufbau die Phänomene der Beugung und Interferenz auch für elektromagnetische Wellen außerhalb des sichtbaren Spektrums experimentell untersuchen.

Der Vorteil gegenüber dem traditionellen Experiment ist einerseits, dass man hier einen sehr kompakten Aufbau hat, der es erlaubt, das Experiment in mehrfacher Ausführung im Unterricht zur Gruppenarbeit einzusetzen. Zudem bietet die Foto-Funktion der Smartphones und Tablets die Möglichkeit, die Beobachtungen direkt zu dokumentieren und auszutauschen.

Um jedoch die Detektion und Darstellung von infrarotem Licht mithilfe der Kamerasensoren zu verstehen, bedarf es einer detaillierteren Betrachtung der physikalischen Hintergründe wie den entsprechenden Strahlengängen und der Funktionsweise von Halbleiterzellen. Diese sind nicht trivial, aber auf Grundlage der im Schulunterricht gesammelten Erkenntnisse weitestgehend erläuterbar. Somit bildet das Experiment eine mögliche Grundlage, um die Diskussion der Funktionsweise der Sensoren zu motivieren und in den Unterricht einzubinden.

6.4   Über das Magnetfeld

Patrik Vogt

Unter anderem zur Ermittlung der Himmelsrichtung mittels Kompass-App (z. B. [13]) und zur Verwendung des Tablet-Computers bzw. des Smartphones als interaktive Sternenkarte (z. B. [14]) sind in den meisten mobilen Endgeräten drei Riesenmagnetowiderstände (GMRs) oder Hall-Sonden verbaut, welche mit hoher Genauigkeit die einzelnen Komponenten des magnetischen Flussdichtevektors bestimmen. Neben magnetischen Feldern im Alltag (z. B. von Netzteilen, Hochspannungsleitungen oder Heizkörpern), kann man die Sensoren im Physikunterricht etwa zur Untersuchung stromdurchflossener Leiter einsetzen [15]. Letzteres wird im Folgenden am Beispiel einer Spule ausführlich beschrieben [16].

Aufbau und Durchführung

Eine Spule mit Eisenkern wird mit einem Multimeter in Reihe geschaltet und an eine regelbare Gleichspannungsquelle (!) angeschlossen. Zur Untersuchung der Stromstärkeabhängigkeit (Teilversuch 1) variiert man bei konstanter Windungszahl die anliegende Spannung, misst die Größe des Stroms mit dem Amperemeter sowie die vorhandene magnetische Flussdichte[1] mittels Tablet bzw. Smartphone (z. B. mit der App Tesla Field Meter [17]). Das mobile Endgerät wird dabei so platziert, dass sich dessen Riesenmagnetowiderstände in geringem Abstand zum Eisenkern befinden (Abb. 6.11). Die Lage der GMRs kann man leicht mithilfe einer magnetisierten Büroklammer herausfinden. Hierzu bewegt man die Büroklammer leicht oberhalb des Displays, bis das Teslameter den maximalen Wert anzeigt.

Zum Nachweis der Proportionalität von magnetischer Flussdichte und Windungszahl (Teilversuch 2) werden nacheinander Spulen unterschiedlicher Windungszahlen in den Stromkreis eingebaut und die Stromstärke – durch Anpassung der anliegenden Spannung – konstant gehalten.

Beobachtung und Auswertung

In Teilversuch 1 kam eine Spule mit 300 Windungen zum Einsatz, in Teilversuch 2 wurde die Stromstärke jeweils auf 0,15 A angepasst. Die Messwerte, welche in Abb. 6.12 grafisch dargestellt sind, belegen die theoretisch zu erwartenden proportionalen Zusammenhänge mit erstaunlicher Genauigkeit ($R^2 > 0,99$ für beide Messreihen). Die signifikanten Ordinatenabschnitte von 39 bzw. 42 µT entsprechen in guter Näherung der magnetischen Flussdichte des Erdfeldes (48 µT am 50. Breitengrad [18]), welches auch ohne Stromfluss vorhanden ist.

---

[1] Für das Experiment lässt man sich den Betrag des Flussdichtevektors ausgeben oder bestimmt diesen aus den einzelnen Komponenten $\left(B = \sqrt{B_x^2 + B_y^2 + B_z^2} \right)$.

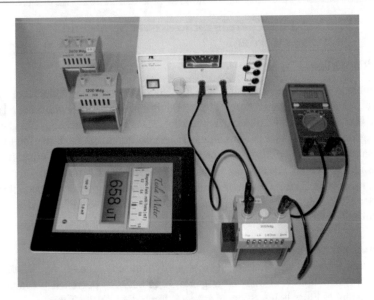

Abb. 6.11 Untersuchung der magnetischen Flussdichte einer stromdurchflossenen Spule mittels iPad

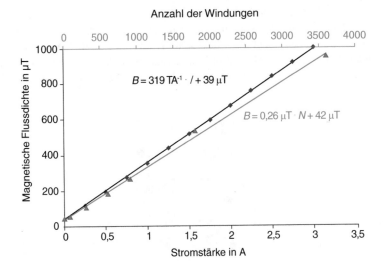

Abb. 6.12 Grafische Darstellung der Messwerte

6.5   Wie kann die Energie radioaktiver Strahlung gemessen werden?

Sebastian Gröber

In einem qualitativen Experiment wird die magnetische Ablenkung poly-energetischer β^--Strahlung durch einen Hufeisenmagneten bei konstanter Fluss-dichte und variablem Ablenkwinkel untersucht. Das Experiment zeigt die negative Ladung der Teilchen von β^--Strahlung. In einem quantitativen Experiment wird die magnetische Ablenkung polyenergetischer β^--Strahlung im Luftspalt eines elektromagnetischen Kreises bei konstantem Ablenkwinkel und variabler Fluss-dichte untersucht. Das Experiment erlaubt die Bestimmung der wahrscheinlichsten und der maximalen Energie im Energiespektrum von β^--Strahlung. Die Inhalte des Beitrags orientieren sich an [19–21].

Theoretischer Hintergrund

Passieren β^--Teilchen (Ladung $Q = -e$, dynamische Masse m, Ruhemasse m_0, Geschwindigkeit $\vec{v}$) ein homogenes, quadratisch begrenztes Magnetfeld (Abmessung a, Flussdichte $\vec{B}$), werden diese durch die Lorentz-Kraft

$$\vec{F}_L = Q(\vec{v} \times \vec{B}) \tag{6.7}$$

abgelenkt (Abb. 6.13) [22].

Im Magnetfeld bewegt sich das β^--Teilchen mit konstanter Bahngeschwindig-keit v auf einer Kreisbahn vom Radius r in der Blattebene, weil die Eintritts-geschwindigkeit $\vec{v}_e$ senkrecht zur Flussdichte $\vec{B}$ ist, die Flußdichte $\vec{B}$ konstant ist und die Lorentzkraft $\vec{F}_L$ senkrecht auf der Geschwindigkeit $\vec{v}$ und der Flußdichte $\vec{B}$ steht. Beim Austritt aus dem Magnetfeld mit der Austrittsgeschwindigkeit $\vec{v}_a$

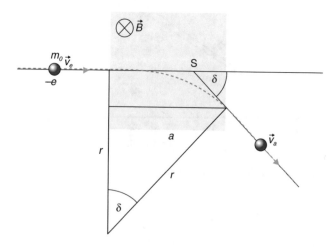

Abb. 6.13 Bahnkurve eines β^--Teilchens beim Passieren eines räumlich begrenzten, homo-genen Magnetfelds

ist das β^--Teilchen um den Winkel δ gegenüber der Richtung beim Eintritt ins Magnetfeld abgelenkt.

Im Magnetfeld wirkt die Lorentzkraft $\vec{F}_L$ als Zentripetalkraft $\vec{F}_Z$:

$$\vec{F}_L = \vec{F}_Z. \tag{6.8}$$

Mit Gl. 6.7 ist

$$evB = m\frac{v^2}{r}. \tag{6.9}$$

Da sich β^--Teilchen mit nahezu Lichtgeschwindigkeit c bewegen, wird in Gl. 6.9 die dynamische Masse m verwendet. Damit ist unter Berücksichtigung der relativistischen Massenzunahme die Geschwindigkeit des β^--Teilchens

$$v = \frac{eBr}{m} = \frac{eBr}{m_0}\sqrt{1 - \left(\frac{v}{c}\right)^2}. \tag{6.10}$$

Die relativistische kinetische Energie ist

$$E_{\text{kin}} = \frac{m_0}{\sqrt{1 - \left(\frac{v}{c}\right)^2}}c^2 - m_0c^2. \tag{6.11}$$

Einsetzen von Gl. 6.10 in Gl. 6.11 ergibt

$$E_{\text{kin}} = m_0c^2\left(\sqrt{\left(\frac{eBr}{m_0c}\right)^2 + 1} - 1\right). \tag{6.12}$$

Da der Radius r der Kreisbahn nicht direkt messbar ist, wird nach Abb. 6.13 die geometrische Beziehung

$$r = \frac{a}{\sin\delta} \tag{6.13}$$

in Gl. 6.12 verwendet. Die kinetische Energie ist dann

$$E_{\text{kin}} = m_0c^2\left(\sqrt{\left(\frac{eBa}{m_0c \cdot \sin\delta}\right)^2 + 1} - 1\right). \tag{6.14}$$

Nach Gl. 6.14 ist die kinetische Energie von β^--Teilchen umso größer, je kleiner der Ablenkwinkel δ bei konstanter Flussdichte B und je größer die Flussdichte B bei konstantem Ablenkwinkel δ ist. Ein polyenergetischer β^--Teilchenstrahl wird also in räumlich getrennte monoenergetische Teilstrahlen zerlegt. Bezeichnet n die Zählrate, dann kann das Energiespektrum $n(E_{\text{kin}})$ auf zwei Arten mit einem Strahlungsdetektor gemessen werden:

- Bei konstanter, bekannter Flussdichte B wird für variablen Ablenkwinkel δ die Zählrate $n_B(\delta)$ gemessen und nach Gl. 6.14 $n(E_{kin})$ bestimmt.
- Bei konstantem, bekanntem Ablenkwinkel δ wird für variable Flussdichte B die Zählrate $n_\delta(B)$ gemessen und nach Gl. 6.14 $n(E_{kin})$ bestimmt.

Experimentaufbau und Durchführung

Der Experimentaufbau besteht aus Strahlungsquelle, Kollimator, Ablenkeinheit, Winkelschablone und Strahlungsdetektor (Abb. 6.14):

- Strahlungsquelle ist ein Sr/Y-90-Betastrahler (Aktivität $A = 45$ kBq, Strahlungsflächendurchmesser $d = 5$ mm, wahrscheinlichste kinetische Energie $E_{kin,w} = 758$ keV, maximale kinetische Energie $E_{kin,max} = 2282$ keV).
- Ablenkeinheit ist entweder ein Hufeisenmagnet (Abb. 6.14a) oder ein elektromagnetischer Kreis mit Luftspalt (Abb. 6.14b). Beim elektromagnetischen Kreis erzeugt ein Netzgerät eine einstellbare Spulenstromstärke bzw. Flussdichte, die mit einem Hallsensor gemessen wird.
- Der Kollimator ist eine Doppelschlitzblende aus Blei.
- Zur Positionierung der Strahlungsdetektoren und zur Messung des Ablenkwinkels wird eine Winkelschablone verwendet.
- Strahlungsdetektoren sind ein Tablet-PC (Samsung Galaxy Tab 2 7.0 GT P3100, Abk. SGT2) mit der App (RadioactivityCounter [23]) sowie ein Geiger-Müller Zählrohr (Leybold [24], Abk. GMZ) mit Digitalzähler (Leybold [25]).
- Die Kameralinse des Tablet-PCs muss zur alleinigen Detektion von β^--Strahlung mit lichtdichtem, schwarzen und möglichst dünnem Klebeband abgedeckt werden (Abb. 6.15a), ein Zählrohr ist nicht erforderlich.
- Strahlungsquelle, Schlitzblendenöffnungen, Bahnkurve der β^--Teilchen und Kamerasensor bzw. Geiger-Müller-Zählrohr befinden sich in einer Ebene parallel zur Winkelschablone. Im Idealfall durchsetzen die magnetischen Feldlinien der Ablenkeinheit diese Ebene senkrecht.

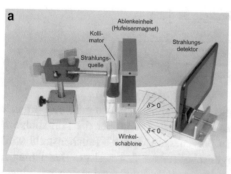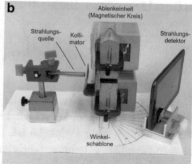

Abb. 6.14 Experimentaufbau mit (**a**) Hufeisenmagnet und (**b**) elektromagnetischem Kreis als Ablenkeinheit

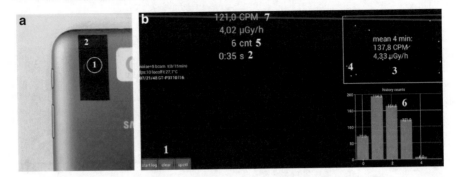

Abb. 6.15 (a) Kamerasensor (1), abgedeckt mit schwarzem Klebeband (2). (b) Startbildschirm der App RadioactivityCounter mit Button zum Beginnen und Beenden einer Messung (1), einminütigem Countdown-Timer (2), Darstellung der Kamerasensorfläche (3), detektierten Teilchen (4), aktueller Anzahl detektierter Teilchen in Einminutenintervallen (5), Histogramm der Anzahl detektierter Teilchen in Einminutenintervallen (6), Mittelwert der Anzahl detektierter Teilchen über Gesamtmessdauer (7)

Im qualitativen Experiment (Abb. 6.14a) wird die Zählrate $n_B(\delta)$ mit dem Strahlungsdetektor SGT2 ohne Hufeisenmagnet (Flussdichte $B = 0$) und mit Hufeisenmagnet (aufwärts und abwärts gerichtete Flussdichte) bei variablem Ablenkwinkel $-40° \leq \delta \leq 40°$ in 10°-Schritten und 3 min Messdauer gemessen.

Im quantitativen Experiment (Abb. 6.14b) wird die Zählrate $n_\delta(B)$ mit den Strahlungsdetektoren SGT2 und GMZ für konstanten Ablenkwinkel $\delta = 30°$ bei variabler Flussdichte $0 \leq B \leq 120$ mT in 5 mT-Schritten und 3 min Messdauer gemessen. Um vergleichbare Zählraten und Öffnungswinkel bzw. Energiedifferenzen über der Eintrittsöffnung der Strahlungsdetektoren zu erreichen, beträgt der Abstand r des SGT2 vom Punkt S 4 cm und der des GMZ 13 cm (Abb. 6.13). Vor der Zählratenmessung wird die Flussdichte B in der Luftspaltmitte gemessen und der Spulenstrom entsprechend eingestellt. In 2 mm Abstand von der Luftspaltfläche (4 cm × 4 cm) ist die Flußdichte nur noch halb so groß, sodass zur Berücksichtigung des Streufelds die Abmessung $a = 4,4$ cm beträgt.

Messungen mit der App können mit dem Button „startlog" begonnen und beendet werden (Abb. 6.15b). In beiden Experimenten wird der Experimentaufbau solange justiert, bis sich für die Flussdichte $B = 0$ mT eine zur Strahlrichtung symmetrische Zählratenverteilung $n(\delta)$ ergibt.

Auswertung und Diskussion

Das qualitative Experiment ergibt für eine aufwärts gerichtete Flussdichte positive und für eine abwärts gerichtete Flussdichte negative Ablenkwinkel (Abb. 6.16a). Nach Gl. 6.7 tragen die β^--Teilchen also eine negative Ladung.

Die Verteilungen mit Magnetfeld unterscheidet sich nur wenig von der allein durch die Versuchsgeometrie bedingten Verteilung ohne Magnetfeld. Daher kann mit diesem Experiment kein Energiespektrum gemessen werden. Ursache ist die hohe Inhomogenität des Magnetfelds. In Strahlrichtung ist erst in ca. 2,5 cm

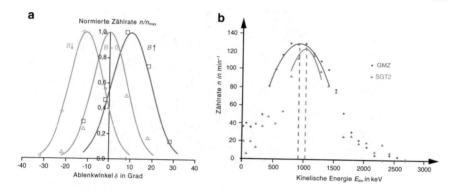

Abb. 6.16 (a) Zählratenverteilung $n(\delta)$ im qualitativen Experiment. (b) Zählratenverteilung $n(E_{kin})$ im quantitativen Experiment

Abstand von den 3 cm breiten Polschuhen die Flussdichte auf die Hälfte des Maximalwerts zwischen den Polschuhen abgefallen.

Zur Auswertung des quantitativen Experiments werden die gemessenen Flussdichten in kinetische Energien umgerechnet und das $n(E_{kin})$-Diagramm erstellt (Abb. 6.16b). Die Abweichung der wahrscheinlichsten kinetische Energie vom Literaturwert $E_{kin,w} = 758$ keV beträgt beim GMZ mit $E_{kin,w} = 910$ keV 20 % und beim SGT2 mit $E_{kin,w} = 1020$ keV 35 %. Für beide Strahlungsdetektoren stimmt die maximale kinetische $E_{kin,max} \approx 2300$ keV ungefähr mit dem Literaturwert $E_{kin,max} = 2282$ keV überein. Eine genauere Auswertungsmethode zur Bestimmung der maximalen kinetischen Energie ist in [19] zu finden.

6.6 Wie kann radioaktive Strahlung abgeschirmt werden?

Sebastian Gröber und Michael Thees

Die Absorption radioaktiver Strahlung wird in Abhängigkeit vom Material und der Materialdicke untersucht. Als Strahlungsdetektoren werden drei mobile Endgeräte mit geeigneter App sowie ein Geiger-Müller-Zählrohr und Digitalzähler verwendet. Das Absorptionsgesetz wird verifiziert und die gemessenen Absorptionskoeffizienten miteinander verglichen [21].

Theoretischer Hintergrund

Durch Einbringen von Absorptionsmaterialien in das Strahlungsfeld einer Strahlungsquelle kann die Intensität I radioaktiver Strahlung verringert werden. Die Abnahme der Intensität hängt von der Strahlenart, dem Absorptionsmaterial und der Dicke d des Absorptionsmaterials ab. Wegen der kurzen Reichweite von α-Strahlung in Luft und deren einfache Abschirmung z. B. durch Papier ist die Untersuchung der Absorption von durchdringungsfähigerer β^-- und γ-Strahlung von besonderem Interesse. Phänomenologisch wird die Absorption dieser Strahlung mit der Zählrate n als Maß für die Strahlungsintensität durch das Absorptionsgesetz

$$I(d) \sim n(d) = n_0 e^{-\mu d} \tag{6.15}$$

beschrieben [22]. Hierbei ist n_0 die Zählrate für eine Dicke $d = 0$ des Absorptionsmaterials, und der Absorptionskoeffizient μ beschreibt die material- und strahlungsartabhängige Absorption. Die Energieabhängigkeit des Absorptionskoeffizienten polyenergetischer β^--Strahlung erlaubt nur eine näherungsweise Anwendung des Absorptionsgesetzes. Diese ist jedoch für Unterrichtszwecke hinreichend genau, und im Vergleich zur γ-Strahlung sind die benötigten Dicken des Absorptionsmaterials hinreichend klein.

Experimentaufbau und Durchführung
Der Experimentaufbau besteht aus Strahlungsquelle, Abschirmung, Absorptionsmaterial, Strahlungsdetektor und Beobachtungsspiegel auf einer optischen Bank (Abb. 6.17):

- Strahlungsquelle ist ein Sr-90-Betastrahler (Aktivität $A = 45\,\text{kBq}$, Strahlungsflächendurchmesser $d = 5\,\text{mm}$) mit doppeltem β^--Zerfall (Sr-90 → Y-90/Y-90 → Zr-90, wahrscheinlichste kinetische Energien 180/758 keV, maximale kinetische Energien 546/2282 keV) [26].
- Ein Tonnenfuß schützt den Experimentator vor seitlicher Strahlung der Strahlungsquelle.

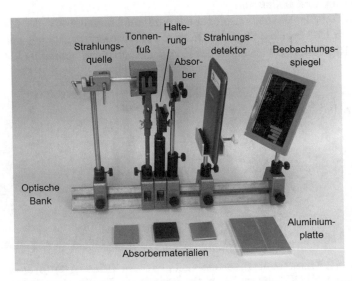

Abb. 6.17 Experimentaufbau zur Untersuchung der Absorption von β^--Strahlung in Abhängigkeit vom Absorptionsmaterial und dessen Dicke

- Die Absorptionsmaterialien sind quadratische Platten aus Papier (Dicke $d = 0{,}1$ mm, 12 Stück), Pertinax (Dicke $d = 0{,}5$ mm, 6 Stück) und Aluminium (Dicke $d = 0{,}5$ mm, 6 Stück).
- Strahlungsdetektoren sind ein Smartphone (Samsung Galaxy S3, Abk. S3), ein Tablet-PC (Samsung Galaxy Tab 2 7.0 GT P3100, Abk. SGT2) und ein iPod touch (Apple iPod touch 4G) mit App (RadioactivityCounter [23]) sowie ein Geiger-Müller Zählrohr (Leybold [24], Abk. GMZ) mit Digitalzähler (Leybold [25]).
- Die Kameralinse der mobilen Endgeräte muss zur alleinigen Detektion von β^--Strahlung mit lichtdichtem, schwarzen und möglichst dünnem Klebeband abgedeckt werden (Abb. 6.18a).
- Ein Beobachtungsspiegel erlaubt Messdaten vom Display der mobilen Endgeräte abzulesen, ohne die Augen ins Strahlungsfeld zu bringen.
- Eine optische Bank erlaubt das Ausrichten des Experiments entlang der Strahlungsachse.

Messungen mit der App können mit dem Button „startlog“ begonnen und beendet werden (Abb. 6.18b). Die Messdauer sollte wegen dem statistischen Fehler bei jeder einzelnen Messung mindestens 3 min betragen. Zum Beginn des Experiments ist die Nullrate n_0 der Umgebungsstrahlung ohne Absorptionsmaterial (Dicke $d = 0$) zu messen. Dann wird für jedes Absorptionsmaterial und jeden Strahlungsdetektor sukzessive die Dicke d erhöht und jeweils die Zählrate $n(d)$ gemessen.

Auswertung und Diskussion

In einem Tabellenkalkulationsprogramm wird zur Linearisierung der Messreihen nach Gl. 6.15 $-ln(n/n_0)$ über der Dicke d des Absorptionsmaterials aufgetragen und die Regressiongeraden durch den Koordinatenursprung bestimmt (Abb. 6.19).

Abb. 6.18 (a) Kamerasensor (1), abgedeckt mit schwarzem Klebeband (2). (b) Startbildschirm der App RadioactivityCounter mit Button zum Beginnen und Beenden einer Messung (1), einminütigem Countdown-Timer (2), Darstellung der Kamerasensorfläche (3), detektierten Teilchen (4), aktueller Anzahl detektierter Teilchen in Einminutenintervallen (5), Histogramm der Anzahl detektierter Teilchen in Einminutenintervallen (6), Mittelwert der Anzahl detektierter Teilchen über Gesamtmessdauer (7)

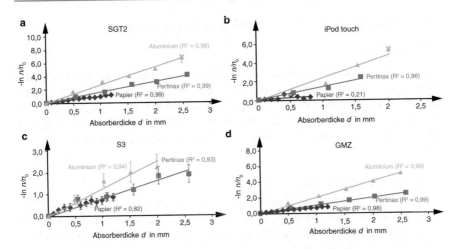

Abb. 6.19 $-ln(n/n_0)(d)$-Diagramme der Absorptionsmaterialien Papier, Pertinax und Aluminium gemessen mit den Strahlungsdetektoren **(a)** SGT2, **(b)** iPod touch, **(c)** S3 und **(d)** GMZ

Alle Bestimmtheitsmaße R^2 der Regressionsgeraden liegen mit Ausnahme von Papier als Absorptionsmaterial und iPod touch als Strahlungsdetektor nahe bei eins und bestätigen damit das Absorptionsgesetz (Gl. 6.15).

Die theoretisch zu erwartende Zunahme des Absorptionskoeffizienten mit zunehmender Materialdichte des Absorptionsmaterials in der Reihenfolge Papier, Pertinax und Aluminium wird mit Ausnahme beim S3 als Strahlungsdetektor bestätigt (Tab. 6.1). Wegen der bereits genannten Energieabhängigkeit des Absorptionskoeffizienten für β^--Strahlung werden in Tab. 6.1 die mit mobilen Endgeräten gemessenen Absorptionskoeffizienten nicht mit Literaturangaben, sondern mit den Absorptionskoeffizienten, die mit dem Geiger-Müller-Zählrohr gemessen wurden, verglichen. Die hohen relativen Abweichungen $\Delta\mu/\mu$ der Absorptionskoeffizienten können wegen des Verhältnisses $n(d)/n_0$ in Gl. 6.15 nicht auf eine konstante geringere Nachweisempfindlichkeit der mobilen Strahlungsdetektoren zurückgeführt werden. Die nicht speziell zum Detektieren radioaktiver Strahlung hergestellten Kamerachips weisen wahrscheinlich eine ausgeprägte Abhängigkeit der Nachweisempfindlichkeit von der Strahlungsenergie auf.

	Absorptionskoeffizient μ/mm^{-1} (relative Abweichung $\Delta\mu/\mu$ in % von GM)			
	GMZ	SGT2	iPod	S3
Papier	0,7	1,0 (+43)	0,5 (−29)	0,8 (+14)
Pertinax	1,1	1,6 (+45)	1,4 (+27)	0,8 (+64)
Aluminium	2,0	2,7 (+35)	2,4 (+20)	1,3 (−35)

Tab. 6.1 Vergleich der mit den Strahlungsdetektoren GMZ, SGT2, iPod touch und S3 gemessenen Absorptionskoeffizienten von Papier, Pertinax und Aluminum

6.7 Wie lange strahlt radioaktive Strahlung?

Sebastian Gröber

Der zeitliche Verlauf des Zerfalls eines radioaktiven Nuklids wird untersucht. Als Strahlungsdetektoren werden zwei mobile Endgeräte mit geeigneter App sowie ein Geiger-Müller-Zählrohr mit PC-Messung verwendet. Das Zerfallsgesetz wird verifiziert sowie die gemessenen Halbwertszeiten untereinander und mit dem Literaturwert verglichen. Die Inhalte des Beitrags orientieren sich an [21] und [27].

Theoretischer Hintergrund

Kernzerfälle radioaktiver Nuklide sind stochastische Prozesse, bei denen der Zeitpunkt eines einzelnen Kernzerfalls nicht vorhergesagt werden kann. Mit dem Zerfallsgesetz ist es jedoch möglich anzugeben, wie viele Kerne $N(t)$ eines Nuklids im Mittel zum Zeitpunkt t noch nicht zerfallen sind, wenn N_0 die Anzahl der Kerne zum Zeitpunkt $t = 0$ ist [28]:

$$N(t) = N_0 e^{-\lambda t}. \tag{6.16}$$

Die Zerfallskonstante λ ist eine nuklidabhängige Konstante und ein Maß für die Zerfallswahrscheinlichkeit der Kerne eines Nuklids. Mit der Halbwertszeit $T_{1/2}$ ist $N(T_{1/2}) = N_0/2$ und Gl. 6.16 ist

$$T_{1/2} = \frac{\ln 2}{\lambda}. \tag{6.17}$$

Da die Anzahl der Kerne in Gl. 6.16 nicht direkt messbar ist, wird die Zählrate n als Messgröße verwendet. Damit ist

$$n(t) = n_0 e^{-\lambda t}. \tag{6.18}$$

Logarithmieren von Gl. 6.18 liefert eine zur experimentellen Bestimmung der Zerfallskonstanten λ bessere Darstellung:

$$-\ln\left(\frac{n}{n_0}\right) = \lambda t. \tag{6.19}$$

Experimentaufbau und Durchführung

Zum experimentellen Nachweis des Zerfallsgesetzes wird ein relativ kurzlebiges radioaktives Nuklid mit einem Isotopengenerator [29] kontrolliert separiert (Abb. 6.20).

In einem Kunststoffbehälter zerfällt langlebiges Cs-137 zu 95 % in den metastabilen Zustand Ba-137m von Barium und bildet einen Cs-137/Ba-137m-Komplex. Ba-137m zerfällt mit einer Halbwertszeit $T_{1/2} = 2{,}55$ min unter Abgabe von γ-Strahlung in stabiles Ba-137. Wird Ba-137m mit einer Eluationslösung aus dem Kunststoffbehälter gewaschen und in einem Reagenzglas das radioaktive Eluat auf-

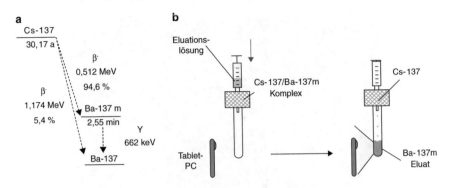

Abb. 6.20 (a) Zerfallsschema von Cs-137. (b) Erzeugung von radioaktivem Ba-137m in Lösung

gefangen, liegt danach ein monoenergetischer, separierter γ-Strahler mit praktikabler Halbwertszeit vor.

Der Experimentaufbau besteht aus Strahlungsquelle und Strahlungsdetektor auf einer optischen Bank (Abb. 6.21):

- Strahlungsquelle ist der γ-Strahler Ba-137m, erzeugt mit einem Isotopengenerator (Leybold [29]).
- Strahlungsdetektoren sind ein Smartphone (Samsung Galaxy S3, Abk. S3) und ein Tablet-PC (Samsung Galaxy Tab 2 7.0 GT P3100, Abk. SGT2) mit App (RadioactivityCounter [23]) sowie ein Geiger-Müller Zählrohr (Leybold [30], Abk. GMZ) mit PC-Messung (Leybold Sensor-Cassy, GM-Box und CassyLab [31]).
- Die Kameralinse der mobilen Endgeräte muss zur alleinigen Detektion der γ-Strahlung mit lichtdichtem, schwarzen und möglichst dünnem Klebeband abgedeckt werden (Abb. 6.22a).

Bei der Durchführung sind wegen der Gefahr einer Inkorporation von Ba-137m Schutzhandschuhe und Schutzbrille zu tragen. Der Boden des Reagenzglases wird möglichst dicht vor dem Kamerasensor bzw. dem Geiger-Müller-Zählrohr positioniert und die Nullrate der Umgebungsstrahlung gemessen. Die Eluationslösung sollte innerhalb von 10–20 s durch den Kunststoffbehälter filtriert werden, um eine möglichst hohe Aktivität zum Messbeginn zu haben. Der Kunststoffbehälter des Isotopengenerators ist danach zur Vermeidung von Störstrahlung zu entfernen. Die Gesamtmessdauer mit einem Strahlungsdetektor liegt zwischen 10 und 15 min.

Messungen mit der App RadioactivityCounter werden mit dem Button „startlog" begonnen und beendet (Abb. 6.22b). Das Messintervall von 1 min ist durch die App vorgegeben, sodass 10–15 Einzelmessungen möglich sind. Über den Menübutton des SGT2 und des S3 können die Messreihen gespeichert und per USB auf einen PC zur Datenauswertung übertragen werden. Beim GMZ mit Messwerterfassungssystem wurde ein Messintervall von 10 s eingestellt und mehr Einzelmessungen durchgeführt.

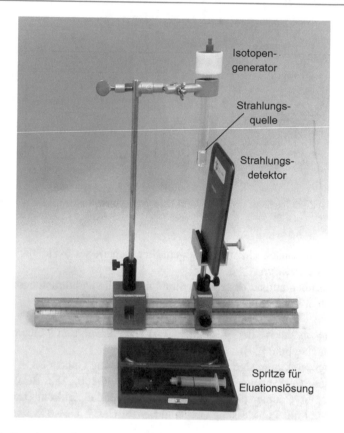

Abb. 6.21 Experimentaufbau zur Untersuchung der zeitlichen Abnahme der Strahlungsintensität von Ba-137m

Abb. 6.22 (**a**) Kamerasensor (1), abgedeckt mit schwarzem Klebeband (2). (**b**) Startbildschirm
der App RadioactivityCounter mit Button zum Beginnen und Beenden einer Messung (1), einminütigem Countdown-Timer (2), Darstellung der Kamerasensorfläche (3), detektierten Teilchen
(4), aktueller Anzahl detektierter Teilchen in Einminutenintervallen (5), Histogramm der Anzahl
detektierter Teilchen in Einminutenintervallen (6), Mittelwert der Anzahl detektierter Teilchen
über die Gesamtmessdauer (7)

Auswertung und Diskussion

In einem Tabellenkalkulationsprogramm wird zur linearisierten Darstellung der Messreihen nach Gl. 6.19 die Größe $-ln(n/n_0)$ über der Zeit t aufgetragen und die Regressionsgeraden durch den Koordinatenursprung bestimmt (Abb. 6.23).

Die Steigung der Regressionsgeraden ist nach Gl. 6.19 die Zerfallskonstante λ. Die Zerfallskonstante λ, die nach Gl. 6.17 berechnete Halbwertszeit $T_{1/2}$, das Bestimmtheitsmaß R^2 der Regressionsgeraden und die relative Abweichung der Halbwertszeit vom Literaturwert können der Tab. 6.2 entnommen werden.

Messungen mit dem GMZ und CASSY-Messwerterfassungssystem ergeben das beste Bestimmtheitsmaß ($R^2 > 0{,}99$) und die kleinste Abweichung vom Literaturwert (<1 %). Beim S3 ist die Abweichung vom Literaturwert ebenfalls gering (2 %), aber die Messwerte streuen unter den Strahlungsdetektoren am stärksten ($R^2 = 0{,}68$). Das SGT 2 ist eine gute Alternative zum GMZ, wenn dem Nachweis der exponentiellen Abnahme der Zählrate ($R^2 = 0{,}97$) mehr Gewicht gegeben wird als der genauen Bestimmung der Zerfallskonstanten (16 %).

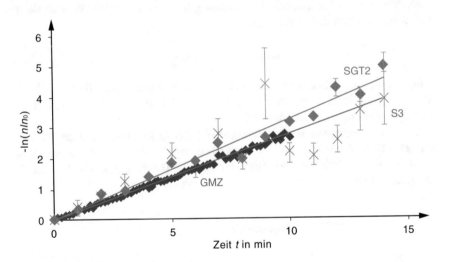

Abb. 6.23 $-ln(n/n_0)(t)$-Diagramme des radioaktiven Zerfalls von Ba-137m gemessen mit den Strahlungsdetektoren SGT2, S3 und GMZ

Tab. 6.2 Vergleich der mit Strahlungsdetektoren SGT2, S3 und GMZ gemessenen Halbwertszeiten von Ba-137m mit dem Literaturwert

	SGT2	S3	GMZ
Zerfallskonstante λ in min^{-1}	0,32	0,28	0,27
Halbwertszeit $T_{1/2}$ in min	2,14	2,50	2,55
Bestimmtheitsmaß R^2	0,97	0,68	0,99
Relative Abweichung zum Literaturwert $T_{1/2} = 2{,}55$ min	16 %	2 %	<1 %

6.8 Wie nimmt radioaktive Strahlung mit dem Abstand von einer Strahlenquelle ab?

Michael Thees und Sebastian Gröber

Die Abnahme der Strahlungsintensität mit zunehmendem Abstand von einer radioaktiven Strahlungsquelle wird untersucht. Als Strahlungsdetektoren werden drei mobile Endgeräte mit geeigneter App verwendet. Das Abstandsgesetz wird verifiziert und die unterschiedliche Nachweisempfindlichkeit der Strahlungsdetektoren nachgewiesen. Die Inhalte des Beitrags orientieren sich an [21] und [27].

Theoretischer Hintergrund

Die Intensität I radioaktiver Strahlung nimmt mit zunehmendem Abstand r von der Strahlungsquelle (konstante Aktivität A) auch ohne strahlungsabsorbierende Materialien dadurch ab, dass sich die abgegebene Strahlung auf eine immer größere Fläche um die Strahlungsquelle verteilt. Unter der Annahme einer isotropen, punktförmigen Strahlungsquelle im Vakuum gilt für die Zählrate n als Maß für die Strahlungsintensität das Abstandsgesetz

$$I(r) \sim n(r) = n_0 r_0^2 \frac{1}{r^2}, \qquad (6.20)$$

wobei $n_0 \sim A$ die Zählrate im Abstand r_0 von der Strahlungsquelle ist [22]. Das Abstandsgesetz folgt direkt daraus, dass die Kugeloberfläche um eine Strahlungsquelle proportional zu r^2 ist (Abb. 6.24).

Unter den genannten Voraussetzungen gilt das Abstandsgesetz auch für polyenergetische β^--Strahlung, da es für jeweils getrennt betrachtete Zählraten monoenergetischer β^--Teilchen und damit für alle β^--Teilchen bzw. die Summe der Zählraten erfüllt ist.

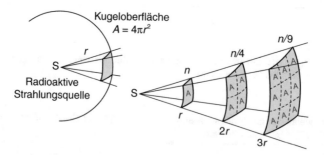

Abb. 6.24 Erklärung des Abstandsgesetzes: Durchsetzt die Strahlung im Abstand r die sphärische Fläche A, dann verteilt sich die gleiche Strahlung im Abstand $2r$, $3r$, etc. auf die sphärische Fläche $4A$, $9A$, etc. und die Zählrate sinkt von n auf $n/4$, $n/9$, etc

Experimentaufbau und Durchführung

Der Experimentaufbau besteht aus Strahlungsquelle, Abschirmungen, Strahlungs-detektor und Beobachtungsspiegel auf einer optischen Bank (Abb. 6.25):

- Strahlungsquelle ist ein Sr/Y-90-Betastrahler (Aktivität $A = 45$ kBq, Strahlungsflächendurchmesser $d = 5$ mm, wahrscheinlichste kinetische Ener-gie $E_{kin,w} = 758$ keV, maximale kinetische Energie $E_{kin,max} = 2282$ keV) [26]
- Ein Tonnenfuß schützt den Experimentator vor seitlicher Strahlung der Strahlungsquelle.
- Halterung für Aluminiumplatte zur Strahlungsabschirmung.
- Strahlungsdetektoren sind ein Smartphone (Samsung Galaxy S3, Abk. S3), ein Tablet-PC (Samsung Galaxy Tab 2 7.0 GT P3100, Abk. SGT2) und ein iPod touch (Apple iPod touch 4G) mit App (RadioactivityCounter [23]) sowie ein Geiger-Müller-Zählrohr (Leybold [24], Abk. GM) mit Digitalzähler (Leybold [25]).
- Die Kameralinse der mobilen Endgeräte muss zur alleinigen Detektion von β^--Strahlung mit lichtdichtem, schwarzen und möglichst dünnem Klebeband abgedeckt werden (Abb. 6.26a).
- Mit einem Beobachtungsspiegel können Messdaten auf dem Display der mobi-len Endgeräte abgelesen werden, ohne insbesondere die Augen ins Strahlungs-feld zu bringen.
- Eine optische Bank erlaubt das Ausrichten des Experiments entlang der Strahlungsachse und die Messung des Abstands r zwischen Strahlungsquelle und Strahlungsdetektor.

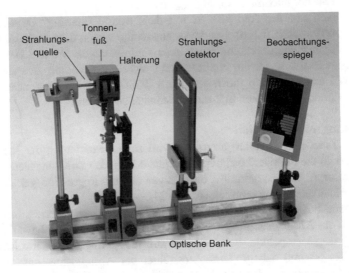

Abb. 6.25 Experimentaufbau zur Untersuchung der Abnahme der Strahlungsintensität mit zunehmendem Abstand zwischen Strahlungsquellen und Strahlungsdetektor

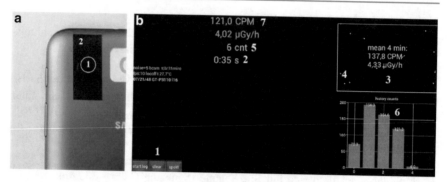

Abb. 6.26 (a) Kamerasensor (1), abgedeckt mit schwarzem Klebeband (2). (b) Startbildschirm der App RadioactivityCounter mit Button zum Beginnen einer Messung (1), einminütigem Countdown-Timer (2), Darstellung der Kamerasensorfläche (3), detektierten Teilchen (4), aktueller Anzahl detektierter Teilchen in Einminutenintervallen (5), Histogramm der Anzahl detektierter Teilchen in Einminutenintervallen (6), Mittelwert der Anzahl detektierter Teilchen über Gesamtmessdauer (7)

Das Intervall $[r_{min} = r_0, r_{max}]$ zur Variation des Abstands r ist abhängig vom Strahlungsflächendurchmesser d und der Nachweisempfindlichkeit der Detektoren. Eine näherungsweise punktförmige Strahlungsquelle liegt für $r_{min} > 5d = 2,5$ cm vor [21]. Die höheren Nachweisempfindlichkeiten des SGT2 und des iPod touch erlauben einen größeren maximalen Abstand $r_{max} = 25,0$ cm gegenüber $r_{max} = 5,0$ cm beim S3. Im Experiment ist die Absorption der β^--Strahlung in Luft vernachlässigbar, da die Reichweite bei ca. 5 m liegt und sehr viel größer als der maximale Abstand r_{max} ist [21].

Messungen mit der App können mit dem Button „startlog" begonnen und beendet werden (Abb. 6.26b). Die Messdauer sollte wegen dem statistischen Fehler bei jeder einzelnen Messung mindestens 3 min betragen. Vor der Messung der Abstandsabhängigkeit ist die Nullrate der Umgebungsstrahlung zu messen. Mit dem SGT2 und dem iPod touch wurden 8 Zählraten in 2,5-cm-Abständen, mit dem S3 wurden 12 Zählraten in 2-mm-Abständen gemessen.

Auswertung und Diskussion

In einem Tabellenkalkulationsprogramm wird zur Linearisierung der Messreihen nach Gl. 6.20 die nullratenkorrigierte Zählrate n für jeden Strahlungsdetektor über dem inversen Abstandsquadrat r^{-2} aufgetragen und die Regressionsgeraden durch den Koordinatenursprung ermittelt (Abb. 6.27).

Die nahe bei eins liegenden Bestimmtheitsmaße R^2 der Regressionsgeraden bestätigen das Abstandsgesetz Gl. 6.20. Der schlechteste R^2-Wert bzw. die größte Streuung der Messpunkte beim S3 ist auf die geringere Nachweisempfindlichkeit des S3 und den größeren Messfehler der Abstandsmessung zurückzuführen. Die Steigungen der Regressionsgeraden von 20.000 cm² · min⁻¹ (SGT2), 9000 cm² · min⁻¹ (iPod touch) und 370 cm² · min⁻¹ (S3) zeigen die stark unterschiedliche Nachweisempfindlichkeit der verwendeten Strahlungsdetektoren.

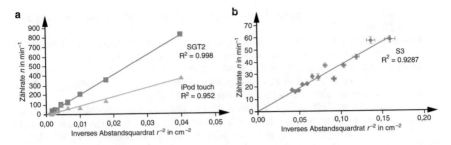

Abb. 6.27   (a) $n(r^2)$-Diagramm für die Strahlungsdetektoren SGT2 und iPod touch. (b) $n(r^2)$- Diagramm für den Strahlungsdetektor S3

Literatur

1. Klein, P., Kuhn, J., & Müller, A. (2015). *Naturwissenschaften im Unterricht Physik, 26*(145), 36–38.
2. Klein, P., Kuhn, J., Wilhelm, T., & Lück, S. (2014). Beleuchtungsstärken mit AndroSensor messen. *Physik in Unserer Zeit, 45*(4), 201–202.
3. Molz, A., Klein, P., Gröber, S., Kuhn, J., Müller, A., & Frübis, J. (2014). Tablet-PCs als Experimentiermittel im Oberstufenunterricht – Experimente aus Optik und Kernphysik. *Praxis der Naturwissenschaften – Physik in der Schule, 63*(6), 27–32.
4. https://play.google.com/store/apps/details?id=imoblife.androidsensorbox&hl=de.
5. Klein, P., Kuhn, J., & Müller, A. (2015). Abstandsgesetz einer Punktlichtquelle. *Naturwissenschaften im Unterricht Physik, 26*(145), 39–40.
6. Klein, P., Hirth, M., Gröber, S., Kuhn, J., & Müller, A. (2014). Classical experiments revisited: Smartphone and tablets as experimental tools in acoustics and optics. *Physics Education, 49*(4), 412–418.
7. Mak, S. (2003). Experiments: Using infrared emitting diodes. *Physics Education, 38*(2), 103–107.
8. Mak, S. (2004). A multipurpose LED light source for optics experiments. *The Physics Teacher, 42*(9), 550–552.
9. Catelli, F., Giovannini, O., & Bolzan, V. D. A. (2011). Estimating the infrared radiation wavelength emitted by a remote control device using a digital camera. *Physics Education, 46*(2), 219–222.
10. Kuhn, J., & Vogt, P. (2012). Diffraction experiments with infrared remote controls. *The Physics Teacher, 50*(2), 118–119.
11. Demtröder, W. (2013). *Experimentalphysik 2. Elektrizität und Optik.* Berlin: Springer Spektrum.
12. Tränkler, H.-R., & Reindl, L. M. (2014). *Sensortechnik. Handbuch für Praxis und Wissenschaft.* Berlin: Springer Vieweg.
13. Free HD Compass (kostenlos). https://itunes.apple.com/de/app/free-hd-compass/id378697811.
14. P.M. Planetarium für iPad – Astronomie, Sterne & Planeten von P.M. und GoSkyWatch (kostenlos). https://itunes.apple.com/de/app/p.m.-planetarium-fur-ipad/id364209241.
15. Silva, N. (2012). Magnetic field sensor. *The Physics Teacher, 50*, 372–373.
16. Vogt, P. (2014). Tablet-Computer als Mess- und Experimentiermittel im Physikunterricht. In A. Bresges, L. Mähler & A. Pallack (Hrsg.), *Unterricht mit Tablet-Computern lebendig gestalten.* (Themenspezial MINT) (S. 66–78). Neuss: Verlag Klaus Seeberger.
17. Tesla Field (0,89 EUR). https://itunes.apple.com/de/app/tesla-field-meter/id351080302.

18. Internetenzyklopädie Wikipedia, Stichwort „Tesla (Einheit)". http://de.wikipedia.org/wiki/Tesla_(Einheit).

19. Gröber, S., Molz, A., & Kuhn, J. (2014). Using smartphones and tablet PCs for ß–spectroscopy in an educational setup. *European Journal of Physics, 35*(6), 065001.

20. Molz, A., Klein, P., Gröber, S., Kuhn, J., Müller, A., & Frübis, J. (2014). Experimente aus Optik und Kernphysik – Tablet-PCs als Experimentiermittel im Oberstufenunterricht. *Praxis der Naturwissenschaften -Physik in der Schule, 63*(5), 27–32.

21. Kuhn, J., Molz, A., Gröber, S., & Frübis, J. (2014). iRadioactivity – Possibilities and limitations for using smartphones and tablet PCs as radioactive counters – Examples for studying different radioactive principles in physics education. *The Physics Teacher, 52*(6), 351–356.

22. Kuhn, W. (2000). *Handbuch der experimentellen Physik: Sekundarbereich II. Bd. 9: Kerne und Teilchen I.* Köln: Aulis Verlag Deubner & Co. KG.

23. Klein, R.-D. App, verfügbar im Google Play Store. https://play.google.com/store/apps/details?id=com.rdklein.radioactivity und im Apple App Store unter https://itunes.apple.com/de/app/radioactivitycounter/id464004677?mt=8.

24. Leybold. Fensterzählrohr für α-, β-, γ- und Röntgenstrahlung mit Kabel, Nr. 55901.

25. Leybold. Zählgerät S, Nr. 575471.

26. Eckert & Ziegler. Sr-90-Strahler.

27. Molz, A., Kuhn, J., Gröber, S., & Frübis, J. (2014). iRadioactivity – Untersuchung mit Smartphones & Co. *Unterricht Physik, 2014*(141/142), 44–51.

28. Kuhn, W. (2000). Handbuch der experimentellen Physik: Sekundarbereich II. *Band 9: Kerne und Teilchen I.* Köln: Aulis Verlag Deubner & Co. KG.

29. Leybold. Cs/Ba-137m-Isotopengenerator, 370 kBq (Nr. 559815).

30. Leybold. Fensterzählrohr für α-, β-, γ- und Röntgenstrahlung mit Kabel (Nr. 55901).

31. Leybold. Sensor-Cassy (Nr. 524013), GM-Box (Nr. 524033), Cassy Lab 2 (Nr. 524220).

Übersicht der verwendeten Apps

Jochen Kuhn und Patrik Vogt

Die meisten im Buch verwendeten Apps gehen aus der untenstehenden Tabelle hervor. Hierbei ist zu beachten, dass für ein und dasselbe Experiment eine Vielzahl von Apps zum Einsatz kommen kann. Somit ist es nicht erforderlich, die im jeweiligen Abschnitt genannte App zu nutzen. Beispielsweise ist es völlig irrelevant, ob zur Darstellung eines Frequenzspektrums die App „*Spektroskop*" oder die App „*Schallanalysator*" genutzt wird. Möchte man die Experimente im Unterricht einsetzen, so ist eine App von Vorteil, welche für iOS und Android kostenfrei bezogen werden kann (Tab. 7.1).

Tab. 7.1 Übersicht der verwendeten Apps

Name	Beschreibung	Bezugsquelle (Kosten) iOS	Bezugsquelle (Kosten) Android	Abschnitt
Bewegungsanalysen				
SPARKvue	Messung von Beschleunigungen und Auslesen externen Sensoren	http://kurzelinks.de/zk0x (–)	http://kurzelinks.de/ni6v (–)	2.1.1.1, 2.1.1.2, 2.2.1, 2.3.1, 2.3.2, 2.4.1, 3.3, 4.1, 4.2
Accelogger	Messung von Beschleunigungen		http://kurzelinks.de/l0wv (–)	2.3.1, 3.3, 4.1, 4.2
Viana	Durchführung von Videoanalysen	http://kurzelinks.de/jwzn (–)	–	2.2.3, 2.2.4, 2.4.3, 4.3, 4.4

(Fortsetzung)

J. Kuhn (✉)
Kaiserslautern, Deutschland
E-Mail: kuhn@physik.uni-kl.de

P. Vogt
Mainz, Deutschland
E-Mail: vogt@ilf.bildung-rp.de

© Springer-Verlag GmbH Deutschland, ein Teil von Springer Nature 2019
J. Kuhn und P. Vogt (Hrsg.), *Physik ganz smart*,
https://doi.org/10.1007/978-3-662-59266-3_7

Tab. 7.1 (Fortsetzung)

Name	Beschreibung	Bezugsquelle (Kosten) iOS	Bezugsquelle (Kosten) Android	Abschnitt
Akustische Analysen				
Oscilloscope	Speicheroszilloskop mit zwei Kanälen	http://kurzelinks. de/wpw8 (10,99 EUR)	–	2.1.2, 2.2.2, 2.4.2, 5.1.1, 5.1.2, 5.1.4, 5.2, 5.4.1, 5.4.2
Spektroskop	Darstellung von Frequenzspektren	http://kurzelinks. de/j5z1 (10,99 EUR)		5.1.1, 5.1.3, 5.1.5, 5.1.6, 5.1.7, 5.1.9, 0, 5.4.4, 5.4.5
Audio Kit	Darstellung von Oszillogrammen, Frequenzspektren, Lautstärkemessung, Tongenerator	http://kurzelinks. de/auew (2,29 EUR)		5.1.3, 0, 5.3
Schallana-lysator	Darstellung von Oszillogrammen, Frequenzspektren, Messung von Laut-stärken, Angabe der Grundtöne	http://kurzelinks. de/7iwg (–)	http://kurzelinks. de/ljcy (–)	5.4.3
WavePad	Schallsignale auf-nehmen, schneiden, bearbeiten	http://kurzelinks. de/jpij (–)	http://kurzelinks. de/pnwf (–)	5.4.3
Messung magnetischer Flussdichten				
Tesla Field Meter	Flussdichtemessung	http://kurzelinks. de/xsf5 (1,09 EUR)		6.4
Messungen zur Radioaktivität				
Radioactivi-tyCounter	Verwendung des Smartphones als Strahlungsdetektor	http://kurzelinks. de/4ymz (5,49 EUR)	http://kurzelinks. de/h1g9 (3,49 EUR)	6.5, 6.6, 6.7, 6.8
Gleichzeitiges Auslesen aller Sensoren				
Sensor Kine-tics Pro	Auslesen aller Sen-soren	http://kurzelinks. de/n5tx (1,09 EUR)	http://kurzelinks. de/4yxu (2,40 EUR)	2.1.1.1, 2.1.1.2
SensorLog	Auslesen aller Sen-soren	http://kurzelinks. de/hyc7 (4,49 EUR)		2.3.3
AndroSensor	Auslesen aller Sen-soren		http://kurzelinks. de/bhxq (–)	3.1, 6.2
Datenauswertung				
Vernier Graphical Analysis	Auswertung von Daten	http://kurzelinks. de/vds0 (–)	http://kurzelinks. de/k356 (–)	2.2.3, 2.4.3, 4.3, 4.4

Stichwortverzeichnis

© Springer-Verlag GmbH Deutschland, ein Teil von Springer Nature 2019
J. Kuhn und P. Vogt (Hrsg.), *Physik ganz smart*,
https://doi.org/10.1007/978-3-662-59266-3

Printed in the United States
By Bookmasters